青海省山洪灾害防御体系构建技术研究

青海省人民政府防汛抗旱指挥部办公室
中国水利水电科学研究院　编著
青海省水利水电科学研究院有限公司

U0259180

www.waterpub.com.cn

·北京·

内 容 提 要

　　本书以青海省山洪灾害防治项目取得的成果为基础，系统阐述了青海省山洪灾害防御体系构建的技术路线、技术内容、技术要点和推广应用情况，总结了青海省山洪灾害防御体系建设和实际运用的成功经验。全书共7章，分别为：概况，研究内容及总体技术路线，数据支撑体系，山洪灾害预警指标体系，监测预警体系，群测群防体系，成果创新、效益分析及推广应用。

　　本书内容翔实、资料丰富，可以作为山洪灾害防治工作专业技术人员的参考书。

图书在版编目（CIP）数据

　　青海省山洪灾害防御体系构建技术研究 / 青海省人
民政府防汛抗旱指挥部办公室，中国水利水电科学研究院，
青海省水利水电科学研究院有限公司编著. -- 北京：中
国水利水电出版社，2020.3
　　ISBN 978-7-5170-8956-8

　　Ⅰ．①青… Ⅱ．①青… ②中… ③青… Ⅲ．①山洪—
灾害防治—研究—青海 Ⅳ．①P426.616

　　中国版本图书馆CIP数据核字(2020)第194066号

　　　　审图号：青 S（2020）032 号

书　　　名	**青海省山洪灾害防御体系构建技术研究** QINGHAI SHENG SHANHONG ZAIHAI FANGYU TIXI GOUJIAN JISHU YANJIU
作　　　者	青海省人民政府防汛抗旱指挥部办公室 中 国 水 利 水 电 科 学 研 究 院　编著 青海省水利水电科学研究院有限公司
出 版 发 行	中国水利水电出版社 （北京市海淀区玉渊潭南路 1 号 D 座　100038） 网址：www. waterpub. com. cn E - mail：sales@waterpub. com. cn 电话：（010）68367658（营销中心）
经　　　售	北京科水图书销售中心（零售） 电话：（010）88383994、63202643、68545874 全国各地新华书店和相关出版物销售网点
排　　　版	中国水利水电出版社微机排版中心
印　　　刷	清淞永业（天津）印刷有限公司
规　　　格	184mm×260mm　16 开本　13.25 印张　323 千字　2 插页
版　　　次	2020 年 3 月第 1 版　2020 年 3 月第 1 次印刷
定　　　价	**90.00 元**

本书编委会

主　　编：巴之玉

副 主 编：李　青　韩海燕　韩忠祥

编写人员：李昌志　刘昌军　吴泽斌　何秉顺

　　　　　李　梅　贺明春　盛万福　刘立庭

　　　　　韩　坤　涂　勇

由于特殊的地形地貌、恶劣的下垫面条件和干旱半干旱气候，以及人口分布相对集中于湟水河流域及东部黄河段，且牧区人口流动性强的实际情况，青海省虽然降雨总量不大，但降雨集中，突发性降水多，山洪亦频繁发生，分布地区广泛，成灾快，破坏性强，预测预防难度大。山洪灾害已成为严重威胁青海省群众生命财产安全的主要灾种之一，防御工作一直是青海省防汛和防灾减灾工作中的难点和薄弱环节。

2010年以来，在水利部、财政部的统一部署下，青海省启动实施了山洪灾害防治项目，建设范围涉及青海省26个县（市、区）、274个乡镇、1418个行政村、2910个自然村，受益人口185万人。2010—2015年项目累计投入2.79亿元，是青海省水利建设史上投资最大、建设范围最广的非工程措施项目，取得了丰硕的成果：①构建了青海省山洪灾害防御的全要素数据支撑体系，即制定了青海省山洪灾害调查评价工作技术路线，制作了青海省山洪灾害调查评价基础数据和工作底图，在此基础上，对青海省26个山洪灾害防治县开展了调查评价工作，确定青海省山洪灾害防治范围与重点；②构建了青海省沿河村落预警指标体系，即综合应用经验估计法、设计暴雨洪水反推法等，确定了防治区1351个沿河村落的预警指标，绘制了青海省不同类型区、不同小流域的雨量预警指标和沿河村落预警指标分布图；③构建了青海省山洪灾害监测预警体系，即在山洪灾害防治区新建了千余个自动雨量、水位监测站，搭建了纵贯省、市州、县、乡骨干通信网络，建立26个县级、8个市州级、1个省级监测预警平台，并延伸至274个乡镇；④构建了青海省山洪灾害群测群防体系，即结合青海省多民族聚集、农业区和牧区并存等特点，建立县、乡、村、组、户并涵盖企事业单位、寺庙、学校的5级责任制体系和县、乡、村3级预案体系，广泛配置群众易于掌握实施的简易监测预警设备、实施了基于受众认知水平的宣传、培训、演练等群测群防措施。

通过青海省山洪灾害防治项目实施，初步建成了适合青海省情、社情、灾情特点，覆盖青海省26个县（市、区）的山洪灾害基础数据支撑体系、预警指标体系、监测预警体系、群测群防体系，结束了青海省山洪灾害被动应对的历史，实现了防御情况明晰化，预测预报提前化，信息采集、传输、处理自动化，决策指挥科学化，预警发布快速化，转移避险精准化，山洪防御模式化，带动青海省基层防汛抗旱信息化的跨越式发展，并在近年防汛中发挥了很好的防灾减灾效益，被山区广大群众和地方政府誉为"生命安全的保护伞"。

本书由青海省人民政府防汛抗旱指挥部办公室、中国水利水电科学研究院、青海省水利水电科学研究院有限公司三家单位共同编写，旨在系统阐述青海省山洪灾害防御体系构建的技术路线、技术内容、技术要点，总结青海省山洪灾害防御体系建设和实际运用的成功经验。全书共分7章，主要介绍了山洪及山洪灾害防御体系构建的概况，研究内容及总体技术路线，数据支撑体系，山洪灾害预警指标体系，监测预警体系，群测群防体系和成果创新、效益分析及推广应用等。

本书的出版得到了国家重点研发计划（2018YFC1508105）的资助，书中地图由吴国玲制作、青海省测绘质量监督检验中心张海燕、张睿、霍景焕审查，在此一并表示感谢！

作者水平有限，欢迎读者批评指正。

作者

目录

前言

第1章 概况 ··· 1

1.1 背景 ··· 1

1.2 问题与现状 ··· 9

1.3 实施情况 ··· 15

第2章 研究内容及总体技术路线 ····································· 18

2.1 研究内容 ··· 18

2.2 总体技术路线 ··· 20

2.3 本章小结 ··· 26

第3章 数据支撑体系 ··· 28

3.1 山洪灾害防御基础信息需求 ··································· 28

3.2 数据获取关键技术与方法 ····································· 29

3.3 水文气象基础信息 ··· 34

3.4 小流域特征信息 ··· 43

3.5 防治区基础信息 ··· 57

3.6 历史山洪灾害 ··· 63

3.7 数据库建设 ··· 67

3.8 本章小结 ··· 72

第4章 山洪灾害预警指标体系 ··· 73

4.1 山洪灾害预警判别方式及其信息需求 ··························· 73

4.2 雨量预警指标分析方法 ······································· 73

4.3 动态预警指标研究 ··· 90

4.4 本章小结 ··· 115

第5章 监测预警体系 ··· 116

5.1 监测预警体系建设要求与内容 ································· 116

5.2 雨水情自动监测系统 ··· 118

5.3 信息网络体系 ··· 127

5.4 监测预警平台 ··· 137

5.5 本章小结 ··· 164

第 6 章　群测群防体系 ··· 165

6.1　群测群防体系建设要求与内容 ··· 165

6.2　责任制 ·· 167

6.3　山洪灾害防御预案 ·· 175

6.4　简易监测预警 ··· 177

6.5　宣传培训与演练 ··· 185

6.6　本章小结 ·· 193

第 7 章　成果创新、效益分析及推广应用 ··· 194

7.1　成果创新 ·· 194

7.2　效益分析 ·· 196

7.3　示范应用推广情况 ·· 203

第1章

概　况

1.1　背景

　　青海省位于我国西部、青藏高原东北部，地理位置介于东经 89°35′～103°04′、北纬 31°36′～39°19′之间，东部与北部同甘肃省相连，东南部和四川省为邻，南部和西南部与西藏自治区毗连，西北部接新疆维吾尔自治区。全省东西长 1200km，南北宽 800km，面积 72 万 km² 左右，仅次于新疆维吾尔自治区、西藏自治区、内蒙古自治区，居全国第四位。青海省辖有 2 个地级市、6 个自治州：西宁市、海东市、海北藏族自治州、海南藏族自治州、黄南藏族自治州、果洛藏族自治州、玉树藏族自治州、海西蒙古族藏族自治州，下设 46 个县级行政单位。

　　由于特殊的地形地貌、恶劣的下垫面条件和干旱半干旱气候，以及人口和 GDP 分布相对集中于湟水河流域、东部黄河段的实际情况，青海省虽然降雨总量不大，但降雨集中，突发性降雨多，山洪亦频繁发生。

　　为保障山丘区人民生命财产安全，实现我国经济社会的全面发展，从 2002 年底开始，水利部会同国土资源部、气象局、原建设部、原环保总局联合编制了《全国山洪灾害防治规划》。2006 年 10 月，国务院以"国函〔2006〕116 号"文件正式批复了该规划。2009年，经国务院同意，水利部、财政部等部门组织在全国 29 个省（自治区、直辖市）和新疆生产建设兵团 103 个县开展山洪灾害防治试点；并在此基础上，于 2010—2016 年期间开展了全国性的山洪灾害防治工作。在全国山洪灾害防治工作开展的大形势下，青海省根据自身特点，力求在山洪防治区基础信息以及暴雨洪水实时信息获取、科学预警、正确转移安置、防灾减灾全面系统规划等方面取得主动，在全省范围内积极开展了相应工作，因地制宜、分轻重缓急，构建适合青海情况的山洪灾害主动防御体系。这些工作极大地夯实了青海省山洪灾害防治工作的软件、硬件基础，增强了山丘区广大人民群众的防灾减灾意思，大大提高了青海山洪灾害防治的能力，强有力地改变了山洪灾害防治工作的被动局面，使青海省山洪灾害防治工作进一步向更为积极和主动的方向迈进。

1.1.1 自然地理

青海省的自然地理条件，如地形地貌、气象气候、河流水系、土壤质地以及植被条件等，都非常有利于山洪形成，因而，青海省山丘区有利于山洪灾害孕育。

1.1.1.1 地形地貌

青海省地处"世界屋脊"——青藏高原的东北部，地处黄土高原，是黄土高原向青藏高原的过渡地带，冷龙岭、达坂山、拉鸡（脊）山三大山脉和大通河、湟水河、黄河三大谷地组成的高山宽谷，相间分布，地形地貌破碎，地质构造复杂，地势高耸，山脉绵亘，地形复杂。以日月山为农牧业分界，以西为牧业区，以东是黄土高原的西部边缘。

青海省境内山脉高耸，地形多样，河流纵横，湖泊棋布。魏巍昆仑山横贯中部，唐古拉山峙立于南，祁连山矗立于北，茫茫草原起伏绵延，柴达木盆地浩瀚无垠。全省84.7%的地区海拔在3000m以上，位于西北部与新疆交界处的昆仑山主峰——布喀达坂峰海拔6860m，为全省最高点，东部民和县下川口湟水出境处海拔1650m，为全省最低点。境内山脉大多呈西北—东南或东西走向。阿尔金山、祁连山、昆仑山和唐古拉山等山脉构成了青海省地形骨架。在全省总土地面积中，山区面积占51%，丘陵面积占8%，平原（含高原上的滩台地等）面积占26%，其他面积（沙漠、水域等）占15%。

可见，青海省山丘区面积大，其间相对高差大，非常有利于立体气候和地形雨形成，发生短历时强降雨；此外，也使山丘区坡面及河道比降大，缩短坡面汇流及沟道汇流时间，非常有利于山洪形成。

1.1.1.2 气候条件

青海省深居内陆，地处高原，境内山大沟深，沟壑纵横，地形陡峻，坡降大。其兼具了青藏高原、内陆干旱盆地和黄土高原三种地形地貌，汇聚了大陆季风性气候、内陆干旱气候和青藏高原气候的三种气候形态，以下气候特点非常有利于山洪形成。

（1）气温地区分布差异大，垂直变化明显。

青海省年平均气温-5.9～8.7℃。东部黄河下游段、湟水谷地是全省的暖区，气温逆河谷而上，随海拔高度增加而逐渐降低。柴达木盆地是本省的次暖区，年平均气温自盆地四周向盆地中心逐渐升高，海拔4000m以上的青南高原和祁连山地是两个冷区，冷区中心年平均气温在-4℃以下。

（2）降水量少，地域差异大，但降雨集中，突发性降水多，初秋易与强连阴雨叠加。

青海省年降水量为17.6～764.1mm，多年平均降水量285.6mm，受地形的影响，变化规律由东南向西北逐渐减少。境内绝大部分地区年降水量在400mm以下，东部达坂山和拉脊山两侧以及东南部的久治、班玛、囊谦一带超过600mm。柴达木盆地降水量为17～182mm，盆地西北部少于50mm。

虽然年降水量和过程降水量远低于内地和沿海省份，但是，由于高原雨季降水集中，时空分布不均，青海省的汛期6—9月降水量占全年降水量的70%～80%，夏秋季局地短时强降雨多发，突发性降水多。突发性的暴雨急剧发生，来势凶猛，面积小，历时短，强度特别大，强降雨过程持续10～30min，极容易形成地面径流，洪峰发展很快，非常有利于引发山洪。

流域特大暴雨大多集中在 7 月和 8 月，这个时期发生的暴雨频次高，占全年暴雨出现次数的 80% 左右。初秋冷空气比较活跃，强度不大，面积相对大，容易形成强连阴雨，这是形成大洪水和特大洪水的重要因素之一。降雨中心日降雨量不足 50mm，降雨过程时间长，会造成大量房屋倒塌，导致人员伤亡，使成熟的农作物霉烂。

1.1.1.3　河流水系

青海省境内河流众多，水系比较发育。据统计，集水面积在 500km² 以上的河流 278 条。南部和东部为外流水系，是长江、黄河、澜沧江三大江河的源头和上游段，由于降水相对较多，水系发育，河网密集。西北部为内流（陆）河水系，气候干旱少雨，河流小而分散，流程短。

（1）黄河流域：黄河发源于青海省巴颜喀拉山北麓海拔约 4500m 的约古宗列盆地。干流流经青海省玛多、达日、甘德、久治、河南、玛沁、同德、兴海、贵南、共和、贵德、尖扎、化隆、循化、民和等县，东流至寺沟峡处，出省入甘肃省境内，大体呈 S 形，青海省境内干流河道长为 1694km，落差 2768m，平均比降约 1.6‰。

（2）长江流域：长江干流在青海省境内称通天河，发源于唐古拉山脉主峰各拉丹东雪山西南侧，东南向流经青海省治多、曲麻莱、称多、玉树等县，至玉树县的赛拉附近进入四川、西藏境内。青海省境内干流河道长 1206km，落差为 2065m，平均比降为 1.7‰。另有较大的长江一级支流雅砻江和二级支流大渡河，分别发源于青海省的称多县、班玛县境内，单独流出省境后，在四川境内注入长江。长江流域在青海省境内干、支流总流域面积 15.84 万 km²，占全省总面积的 22.17%。

（3）西南诸河-澜沧江流域：澜沧江属西南诸河水系，系国际河流。干流发源于青海省唐古拉山北麓拉寨贡马山（又名寨错山）冰川，省境内称扎曲，由西北向东南流经杂多、囊谦两县，于打如达村以下 4km 处流入西藏境内，青海省境内河道长 448km，落差 1553m，平均比降 3.5‰。主要支流左岸有子曲，右岸有解曲（昂曲）等，大体平行于干流，均为澜沧江的一级支流，流出省界后在西藏境内先后汇入干流。

（4）西北诸河-内流（陆）河流域：内流（陆）河流域属西北诸河水系，青海省境内分布在北部和西部，由柴达木盆地、青海湖、哈拉湖、茶卡—沙珠玉、祁连山地及可可西里等大、小内陆水系组成，总流域面积 36.68 万 km²，占全省总土地面积的 51.33%。

大河流有着众多不同等级的支流，较小支流及其源头往往是容易受到山洪袭击的地方；同时，山洪发生地也因此较为分散，增加了山洪灾害防御工作的难度。

1.1.1.4　植被土壤

青海省植被呈现出由东南向西北方向的变化，东部和东南部为森林草原植被，向西北植被类型依次是草原、高山草甸、高山草原、荒漠。主要类型为草地，耕地主要分布在东部地区。由于海拔高，气温偏低，大多数地区降水少，土地发育程度低。青海省东部地区主要为黏壤土，中部及西部地区为砂壤土及砂土，西南部部分地区为砂黏壤土。土质较好的地区主要分布于东部河湟地区、共和盆地和柴达木盆地。东部河湟地区的黄土区或红土区，土层深厚，土质较好。共和盆地和柴达木盆地，局部地区土层较厚，小面积有水源灌溉，土层较厚的土地质量较好。青海省山洪灾害防治区主要分布于湟水河流域、东部黄河段地区，山洪灾害易发区植被覆盖率不高，因而植被类型截雨量少，土壤厚度薄，再加上坡度较大，一旦强降雨发生，极易产流，洪水在坡面及沟道的汇流速度也非常快，非常容易产生山洪，从而发生灾害。

1.1.2　社会经济

1.1.2.1　全省情况

截至 2015 年底，青海省共有 4072 个行政村，588.43 万人口，其中城镇人口 295.98 万人，城镇化率 50.3%。近 10 年的平均人口增加率为 8.9‰，人口密度平均 8 人/km²。青海省是多民族聚居地区，主要的民族有汉族、藏族、回族、土族、撒拉族、蒙古族等，民族自治地区的面积占全省总面积的 98%。少数民族人口 280.74 万人，占全省总人口的 47.71%。

2015 年全省地区生产总值为 2417.05 亿元，比上年增长 8.2%，人均地区生产总值 41252 元。第一、第二、第三产业结构为 8.6∶50.0∶41.4。现状全省耕地面积约 837.59 万亩，灌溉面积 389 万亩，其中农田有效灌溉面积约 274 万亩、园林草地等有效灌溉面积 115 万亩。年末大小牲畜存栏数为 1920.47 万头只。

1.1.2.2　防治区情况

青海省是黄土高原向青藏高原过渡地带，冷龙岭、达坂山、拉鸡（脊）山三大山脉和大通河、湟水河、黄河三大谷地组成的高山宽谷，相间分布。湟水河是黄河的重要支流，属中小河流，流域面积不足全省 1/20，但是该地区人口和 GDP 占青海省 50% 以上，是全省的政治、经济和文化中心，也是青海省山洪灾害防治区域的重中之重。青海省 2010—2015 年山洪灾害防治项目建设范围涉及 2 个地级市、5 个自治州、26 个县（市、区）、274 个乡镇、1418 个行政村、2910 个自然村。建设范围绝大多数属于湟水河流域（图 1.1）。

1.1.3　山洪灾害发生情况及特点

1.1.3.1　历史灾害发生情况

由于地形复杂，降雨时空分布不均，汛期山洪暴发，青海全省范围内常造成局部地区洪水泛滥，并引发山体滑坡、泥石流，冲毁交通、水利、通信等基础设施，造成大片农田、村庄、乡镇被淹，对山丘区国民经济续发展和广大人民群众生命财产安全造成严重威胁和危害。山洪灾害损失情况可以大致按以下阶段划分：

1. 新中国成立以前

根据历史资料分析，自公元 1695 年（清康熙三十四年）至 1949 年的 225 年中，青海境内的特大洪灾平均 30 年发生一次，较大洪灾 10～15 年发生一次，普通的山洪灾害年年发生。可见，山洪灾害是较为频繁的。

2. 1949—1999 年

据不完全统计，1949—1999 年的 51 年中，青海省发生了 9 次较为严重的洪灾，具体年份为 1959 年、1979 年、1989 年、1992 年、1994 年、1995 年、1997 年、1998 年、1999 年，其中 6 次发生在 20 世纪 90 年代，农作物受灾面积超过 50 万亩的严重洪灾亦发生在同一年代，即 1992 年受灾 122 万亩、1994 年受灾 60 万亩、1999 年受灾 109.95 万亩；

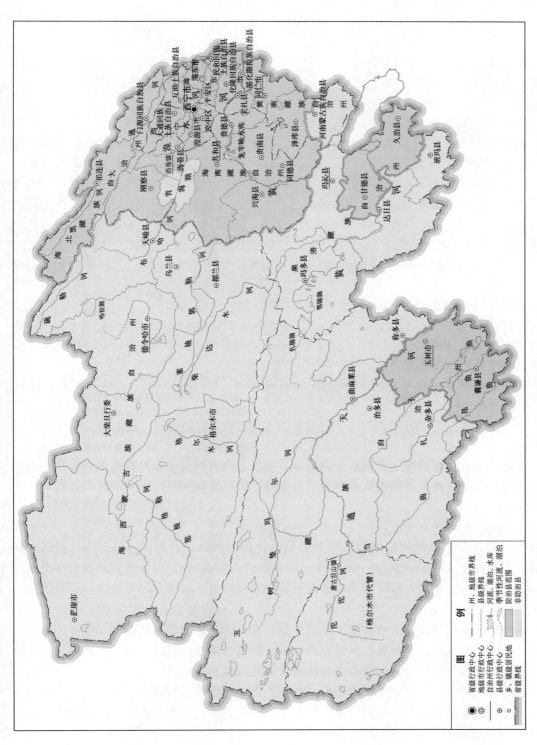

图 1.1 青海省山洪灾害防治区项目实施县分布图

造成的经济损失达 9 亿多元，死亡 393 人，损失家畜 4.5 万头（只），倒塌房屋 2.35 万间，毁坏农田 150 万亩。

3. 2000—2009 年

据统计，2000—2009 年期间，青海省共发生山洪灾害近 800 次，累计毁坏农田 34.4 万亩，死亡 29 人，损失家畜 1.97 万头（只），倒塌房屋 3000 间，毁坏重要的基础设施 273 处。

4. 项目开始实施至今

2010—2016 年，青海省平均每年发生山洪灾害达 110 次左右，灾害次数每年增加 15% 左右。尤其是 2010 年入汛以来，青海省境内气候异常，暴雨、高温等极端天气交替发生，部分地区多次出现强降雨，都兰、同仁等地日降水量突破历史极值，山洪、泥石流等灾害频发，湟水河发生百年一遇洪水，省内部分中小河流也发生较大洪水。全省共有 25 个县（市、区）、68 个乡（镇）约 14 万人受灾，造成 23 人死亡、3 人失踪，农作物受灾面积 27 万亩，死亡大牲畜 3642 头，倒塌房屋 770 余间，损毁堤防 19.3km，百余处水利设施受损，毁坏乡村公路 150km。造成直接经济损失达 4.95 亿元，其中水利基础设施损失 1.36 亿元。

本研究调查了 1902—2016 年期间发生的 291 起山洪灾害事件，其中发生人员死亡、失踪的事件 40 起。291 起山洪灾害事件中，溪沟洪水共 258 起，约占统计事件的 89%；泥石流为 21 起，约占 7%；山体滑坡发生较少，共 12 起，约占 4%。可见，青海省山洪灾害以暴雨溪河洪水为主。

图 1.2 给出了青海省历史山洪灾害分布情况。

1.1.3.2　成因特点

根据青海省山洪灾害情况，结合自然地理环境及社会经济情况，分析发现，青海省山洪灾害形成的直接原因主要是暴雨与洪水，此外地形、地貌、地质、植被以及人类活动等因素也影响山洪灾害的形成。青海省地形地貌地质复杂、海拔差异大、气候特殊，暴雨量大、历时短、雨量集中、单点暴雨突出、量级较大、危害极大。

1. 山洪灾害成因

从成因角度分析，青海省山洪灾害主要成因如下：

（1）降雨因素。降雨是诱发山洪灾害的直接因素和激发条件。山洪的发生与降雨量、降雨强度和降雨历时关系密切。降雨量大，特别是短历时强降雨，在山丘区特定的下垫面条件下，容易产生溪河洪水灾害。突发性的暴雨急剧发生，来势凶猛，面积小，历时短，强度特别大，强降雨过程大多持续 10～30min 以内，极容易形成地面径流，洪峰发展很快。这种暴雨形成的洪灾，破坏力大，抢险与减免灾害的措施往往不能及时实施。强连阴雨也是形成溪河洪水的重要类型。根据青海省处于高原的实际情况，强连阴雨多发生在初秋冷空气比较活跃的季节，其特点是强度不大，面积相对大，中心日降雨量不足 50mm，降雨过程时间长，会造成大量房屋倒塌，导致人员伤亡。由于流域特大暴雨大多集中在 7 月和 8 月，易与 8 月初秋的强连阴雨叠加，这个时期发生的暴雨频次高，占暴雨出现总次数的 80% 左右，加重了山洪灾害。

（2）地形地质因素。不利的地形地质条件是山洪灾害发生的重要因素。青海省山丘区

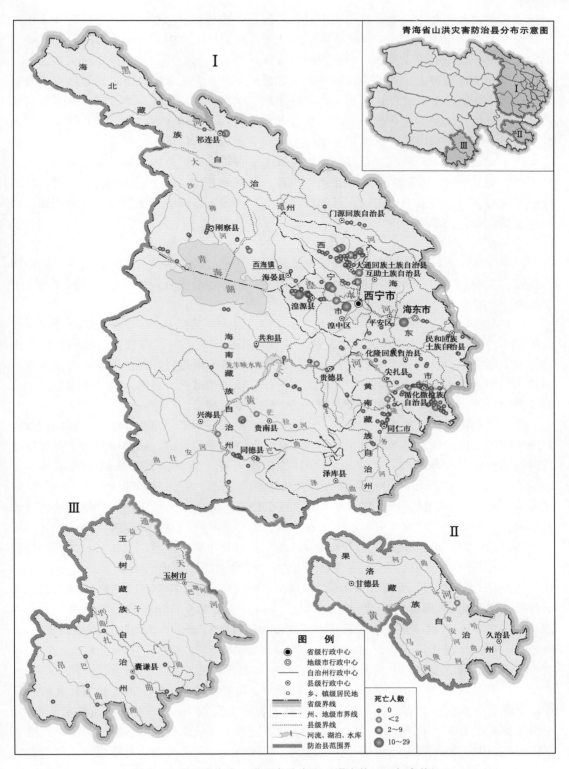

图 1.2　青海省历史山洪灾害分布图（调查的 291 起事件）

面积占国土面积的 2/3 以上,自西向东呈现出阶梯,在各级阶梯过渡的斜坡地带和大山系及其边缘地带,山地坡度 30°~50°,植被覆盖条件极差,土壤瘠薄,河道坡降较陡,暴雨洪水过程中,产流汇流以及洪水演进速度非常快,冲刷极为严重,易形成山洪灾害。

(3)经济社会因素。受人多地少和水土资源的制约,为了发展经济,山丘区资源开发和建设活动频繁,城乡建设也逐步向易受洪水威胁的河漫滩地和低阶地扩展,甚至盲目征地、扩地,建筑垃圾和生产废渣、生活垃圾日益增多,不断倾入河(沟)道,沿堤形成天然垃圾场,使本来狭窄的行洪河道又缩小了行洪断面,大大削弱了抗洪能力;水土流失持续恶化,加之部分生产建设项目很少采取有效水土保护措施,造成人水不和谐的活动,这些人类活动对地表环境产生了剧烈扰动。山丘区居民房屋选址多在河滩地、岸边等地段,或削坡建房,一遇山洪极易造成人员和财产损失。山丘区城镇由于防洪标准普遍较低,经常进水受淹,往往损失严重。

2. 山洪灾害特点

山洪灾害在不同的区域由于降雨、地形地质和经济社会活动及其相互作用方式的不同而表现出空间、时间分布和危害程度等方面的差异。总体上来看,青海省山洪灾害有以下基本特点。

(1)分布广泛、发生频繁。据统计,青海省山洪灾害防治区 5.56 万 km²,其中重点防治区 1.45 万 km²,且地形地质状况复杂多样,容易发生溪河洪水灾害,从而形成山洪灾害分布范围广、发生频繁的特点。随着西部大开发的不断推进和经济发展,现在人类活动越来越多,极端天气也越来越多。过去无人类活动的沟道、干河也可能成为发生严重山洪灾害的场所,导致山洪灾害分布更为广泛、发生更为频繁。

(2)突发性强,预测预防难度大。山洪灾害具有突发性强、预测预报难度大的特点。青海省山丘区比降较大,暴雨强度大,产汇流快,洪水暴涨暴落。从降雨到山洪灾害形成历时短,一般只有几小时,甚至不到 1h,给山洪灾害的监测预警带来很大的困难。如 2014 年 6 月 18 日 18 时 20 分,化隆县石大仓乡突降暴雨,仅 1h 降雨量为 14.3mm,引发较大量级的山洪,致使正在修建通往关藏镍矿公路的 5 名人员死亡失踪。此外,牧区牧民具有很强的游动性,导致青海省山洪灾害防治预测预防难度和复杂程度大大提高。

(3)成灾快,破坏性强。山丘区因山高坡陡,溪河密集,洪水汇流快,加之人口和财产分布在有限的低平地上,往往在洪水过境的短时间内即可造成大的灾害。如 2013 年 8 月 20 日晚 19 时 50 分,青海省海西蒙古族藏族自治州乌兰县茶卡地区突降暴雨冰雹,茶卡镇气象站观测 6h 降雨量为 31.3mm,导致寺院沟(又称仓吉沟河)山洪暴发。水头高达 5.00~6.00m 的洪峰挟带着大量冰雹、泥沙和石块咆哮而下,将沟边防洪墙及 1 万 m³ 砂石料、700t 水泥连同 5 顶民工帐篷瞬间卷走,山洪所到之处一片狼藉。此次山洪共造成 24 人死亡、7 人受伤,直接经济损失超过 3000 万元。

(4)季节性强,区域性明显。山洪灾害的发生与暴雨的发生在时间上具有高度的一致性。青海省的暴雨主要集中在 5—9 月,山洪灾害也主要集中在 5—9 月,尤其是 6—8 月主汛期更是山洪灾害的多发期。山洪灾害在地域分布上也呈现很强的区域性,湟水谷地的西宁地区、海东地区和海北地区、海南地区、黄南地区以及玉树藏族自治州山丘区山洪灾害集中,暴发频率高,易发性强。

　　长期以来，防洪减灾工作主要侧重于大江大河的安全和防治，对局部山洪灾害防御没有引起足够重视。近年来，随着气候条件的改变，局部山洪灾害频发，对山丘区人民生命财产造成的巨大损失，山洪造成的损失在洪灾损失中所占比例越来越大，近几年来已接近或达70%，因此，山洪防治已经成为防洪减灾的主要任务之一。如前所述，青海省位于虽然年降水量和过程降水量远低于内地和沿海省份，但由于高原雨季降水集中，突发性降水多，属山洪灾害的高发地区。全省每年因山洪造成的人员伤亡时有发生，经济损失更是数以亿计。此外，近年来全球气候变暖造成极端天气事件明显增加，影响进一步增大，导致山洪地质灾害加剧，并且有逐年上升趋势。做好山洪灾害的防治工作，确保人民生命安全，将灾害损失降低到最低限度，成为青海省经济社会发展和防洪减灾工作中一项至关重要的任务，山洪灾害防御任务十分重要、必要和迫切。

1.2　问题与现状

1.2.1　主要问题

　　山洪灾害防治项目实施之前，青海省山洪灾害防御需求非常迫切，但山洪灾害防御基础差，再加上防治工作涉及方方面面，问题集中表现在以下5个方面：

　　（1）缺乏山洪灾害防御关键而又基础的信息。山洪灾害易发区普遍比较偏远，通信条件、交通条件、经济发展水平相对落后，且对山洪灾害防治至关重要的基础信息极为贫乏，基本没有全省山丘区沿河村落、城（集）镇等保护对象所在流域暴雨洪水特性、人口数量及分布、现状防洪能力、危险区范围、涉水工程对山洪灾害防御影响等关键而又非常基础的信息。

　　（2）缺少有效的监测方法与手段。山洪灾害易发区水雨情监测站点非常少，基本没有有效的监测手段，不能够及时准确地监测到水雨情信息，青海省山洪灾害防治基本处于不设防状态，监测手段几乎呈现空白。

　　（3）缺少有效识别山洪发生与是否临界状态的技术。山洪灾害易发区缺乏实用的预报预警技术，缺少适合于青海省这种干旱半干旱且下垫面植被条件极差条件下暴雨洪水的科学算法，不能做出实时的山洪预警预报。

　　（4）山洪灾害易发区人群主动防灾避灾意识不强，或者虽然意识到了但措施不力。青海省民族众多，农业区和牧区并存，农业区居民地固定，但牧区人群流动性极大，给山洪灾害防治工作带来极大困难。

　　（5）山洪灾害易发区缺乏科学的山洪灾害防御预案和预警预报体系。由于青海省山洪灾害保护对象具有多民族性、分散性和流动性特征，防御预案和预警预报体系显得尤其重要。

1.2.2　国内外现状

　　近些年来，国内外对如何有效地进行山洪灾害防御的研究力度和深度不断加大，各种新技术得到了推广普及应用，这些新技术都有自己的特色，也取得了一定进展。但是，目前还没有一套可以推广普及应用的完整成熟的山洪灾害防御体系形成，所有的研究都处在不断地改进和完善之中。下面通过分析国内外在山洪灾害防御中的山洪灾害监测、预警指标分析、预警信息发布、应急避险等关键环节的处理方法、技术与措施，为构建青海省山洪灾害防御体系提供经验和技术方面的借鉴，以便更好地服务于青海省山洪灾害防御工作。

1.2.2.1 山洪灾害监测方面

降水和洪水是山洪灾害监测中最为明显和直接的水文气象要素，根据降水和洪水信息，判断山洪灾害发生可能性，提供预警信息，是山洪灾害防御非常重要的措施。

1. 雨量监测

降水是时空变异特性最明显的水文气象要素，是山洪灾害监测必不可少的水文气象要素，暴雨发生时，要根据雨量预警指标来判断是否成灾，从而判断是否进行人员转移。因而在山洪灾害防御中，雨量监测都是国内外都非常重视的最为基础的措施之一。

当前，在获取雨量数据的气象设备中，除了雨量站，还有降雨卫星、机载降雨传感器、天气雷达等，每种设施都有自己的优势和局限性，都在一定范围内为不同空间和时间尺度提供信息。降雨卫星方面，由美国宇航局（NASA）和日本大空发展署（JAXA）联合研制了热带降雨监测任务（Tropical Rainfall Measuring Mission，TRMM）卫星；机载降雨传感器方面，美国国家海洋和大气管理局（NOAA）飓风研究中心研发了步进频率微波辐射计（Stepped - Frequency Microwave Radiometer，SFMR），由 WP - 3D 飞机搭载，是主要用于监测飓风的风速和降雨的步进频率的微波辐射计；天气雷达方面，单偏振全相参多普勒天气雷达，技术源于由美国洛克希德马丁公司生产的 NEXRAD 雷达，主要用于探测云和降水目标物的空间分布、强度等。

雨量计是常用来测量降雨量的仪器，常见的类型有虹吸式和翻斗式两种。大部分的雨量计都是以"mm"作为测量单位，偶尔也会以"英寸（in）"或"cm"作为单位。澳大利亚区域仪器中心研发的一种适用于测试倾卸桶和称重式雨量计的精密雨量计测试仪，在各国气象和水文研究中得到较为广泛的应用。翻斗式雨量计是由感应器及信号记录器组成的遥测雨量仪器，在各国实际雨量监测中应用广泛。

2. 洪水监测

洪水是山洪灾害监测中最为直接的水文气象要素。根据河道上游洪水水位判断下游是否成灾，是判断下游地区是否需要进行人员转移的重要因素。因而，在山洪灾害防御中，洪水监测也是国内外都非常重视的最为基础的措施。

水位计是监测洪水最常用的仪器，按传感器原理可将水位计分为浮子式水位计、超声波式水位计、压力式水位计等。在很多国家的水文工作中，浮子式水位计、压力式水位计等在水位监测中得到广泛应用。

3. 山洪灾害专用监测仪器

山洪发生具有突发性、短历时、流速大、监测环境较为恶劣等特点，故对其监测具有特殊要求。为了满足山洪灾害监测的专门需要，国内外还开发了很多专门的监测设施用于山洪灾害监测，主要为自动设备，如 HYDRODATA - 3000C 型自动水文站，是测量、存储数据及图像传输设备，专门设计用于户外安装，在远程无人值守区域，呈现、存储和处理所有信息。印度设计了自动观测站（Automatic Raingauge Station，ARG），除了降雨传感器，它还有空气温度和相对湿度传感器等分置于 500 个不同位置。山洪灾害防治图像监测站具有定时抓拍图片，电池电压上报功能，GPRS 数据通信、短信备份，本地存储采集数据，远程招测当前雨量、水位数据，整点采集雨量、水位数据。

国内很多单位也开发了相应的监测设备，水利部防洪抗旱减灾工程技术研究中心对这些设备进行了测评，主要类型包括以下 2 类：

（1）语音报警器：语音报警器 YY - SAT - 1、在线预警机 GX - 8011、无线预警广播机 ZS.GB - 01、无线预警广播 I 型机 WS6100B、通信控制预警机 YX - 3000FC、GRPS 无线预警广播机 YZ03 - 206、无线预警广播设备 HYYJ - 1000 等。

（2）报警雨量计：YZ3000 简易雨量报警器、报警雨量计 YLN - YLBJ01、报警雨量计 AM - YQL、JBD - 2 型雨量报警器，ZS.JBD - 05 简易雨量报警器、TH - RSA2000 型遥测报警雨量计、雨量报警器 WS8100B 等。

了解国内外山洪灾害雨量和水位监测仪器和设备的情况，再结合青海省的实际情况，为青海省山洪灾害主动防御体系构建中监测预警体系的规划、设计和施工以及运行维护等环节都提供了大量有益的参考和借鉴。

1.2.2.2 预警指标分析

在监测的基础上，开展降雨径流模拟，从降雨量和洪水两个方面获得雨量和水位等预警信息，是国内外山洪灾害非工程措施最为重要的核心技术手段。临界雨量或临界水位是山洪灾害预警中两种最为重要的预警指标。临界水位通常是采用上游河道某个具有监测设备地点的水位信息，为下游提供预警，获得的预见期就相对短许多。临界雨量可以获得较长的预见期，缺点是预警的准确性较临界水位低许多，也不好计算，但是，为了获得尽可能长的预见期，国内外还是大量采用临界雨量开展山洪预警。

在美国，雨量预警指标被称为 Flash Flood Guidance（FFG）。美国提供的方法中，较为全面地考虑了降雨、土层含水以及下垫面特性三大因素；根据下垫面断面地形和地形地貌确定各个地方的临界流量，并考虑土层含水量的动态变化，根据设计雨量、实测雨量或者预报雨量等关系，基于典型的降雨、产流、汇流、演进、预警指标反推等环节，进行雨量预警指标的计算，并且提供动态变化结果，其结果由相应不同等级的平台进行分析和发布等工作。事实上，这种方法是降雨径流模型正常计算径流的溯向运算，其基本思路是根据流域出口断面临界流量溯向运算一定历时所需的降雨量。FFG 方法由于考虑因素较全，覆盖地区类型和气候类型均较广，算法具有物理机理，方法较为成熟且提供预警指标的动态信息，故其方法和成果在欧洲、非洲等很多国家和地区得到广泛参考和运用，现在仍在不断改进和完善之中。

较之欧美国家，日本的气候条件、地质地貌、植被土壤条件更为单一，因此，日本的临界雨量确定方法考虑的因素更集中于降雨和土层含水方面的分析，其临界雨量分析主要针对滑坡、泥石流等进行。根据日本交通省国土技术政策综合研究所报告《土砂灾害警戒避难临界条件雨量设定方法》，其方法可以划分为土壤雨量指数法、实效雨量法、汇流时间降雨强度法、权重判别分析法 4 种类型。由于方法是针对滑坡、泥石流的，故主要适用于面积小于 100km^2、植被、土壤、地质等下垫面条件都较为一致的流域。在统计确定临界雨量时，这些方法都假设降雨强度与有效累积雨量之间呈线性关系。通过统计资料，建立降雨强度与有效累积雨量之间的线性关系，采用临界雨量线法确定预警指标。

我国气候条件、地质地貌、植被土壤种类丰富，降雨、水文等基础性资料丰富程度不一，有的地方甚至严重匮乏，故现有山洪灾害临界雨量的确定方法种类繁多，考虑因素各有差异，主要有实测雨量统计法，水位/流量反推法，暴雨临界曲线法，水动力学计算方法等；我国台湾地区主要采用降雨驱动指标值建立泥石流发生可能性的降雨警戒模式，将降雨警戒图划分为低可能发生、中可能发生以及高可能发生 3 个区域进行预警。为了适用于多个小流域，目前亦有将分布式水文模型应用于临界雨量研究。在实际应用层面，各地常根据经验方法确定山洪灾害预警指标，使得指标的准确性和预警效果存在很大的不确定性。

1.2.2.3　山洪灾害预警

灾害预警信息的要素，一般包括发布单位、发布时间、服务对象、时效、强度、地区和范围、可能造成的影响、应采取的预防措施和进一步查询的单位。对于山洪灾害而言，山洪预警信息的要素也需要包括以上内容。在山洪预警信息发布流程中，洪水预警区的确定、组织机构的责任分配、指挥中枢的合理设置非常重要。

国际上，较为通用的灾害预警系统通常称为预警系统（Early Warning System，EWS），由灾害数据和预测信息、风险信息评估、信息交流与分发机制以及备灾与响应计划 4 个子系统构成，并且要求子系统之间有良好的协作与合作。2009 年，世界气象组织（WMO）召开了第二届国际多灾种早期预警系统专家会议。会议上，来自世界各地的专家讨论了数个典型国家和地区采用早期预警系统开展工作的成功经验。该系统由 4 个子系统组成，如图 1.3 所示。

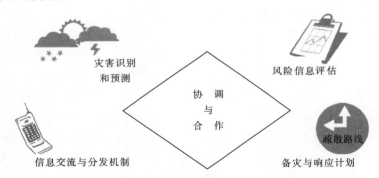

图 1.3　高效预警系统子系统组成（WMO，2009）

从图 1.3 中可以看出，该系统包括灾害识别与预测、风险信息评估、信息交流与分发以及备灾与响应计划 4 个主要部分：

（1）灾害的识别与预测，形成灾害预警信息，即灾害数据和预测信息。

（2）评估潜在的风险并将该风险信息集成到预警信息中，即风险信息评估。

（3）将可靠、易于理解的预警信息及时发送到有关部门和受到灾害威胁的人群中，即具有良好的信息交流与分发机制。

（4）专注于形成有效响应预警信息的社区应急计划、备灾和训练行动，以减少潜在的生命财产损失，即有良好的备灾与响应计划。

系统所示的多灾种预警方法非常有助于各级行政区调动各种预警和救灾的能力和资源，明确地提出和强调在同一行政区之内和不同行政区之间 4 个子系统必须持续工作和相互配合。这是因为，对于针对生命财产保护措施和减灾行为的预警，国家机构和社区之间的协调与合作非常重要。

基于预警系统，进一步发展和衍生了专门针对山洪这一特殊灾种的山洪预警系统（Flash Flood Early Warning System，FFEWS）。图 1.4 给出了山洪预警系统的架构。

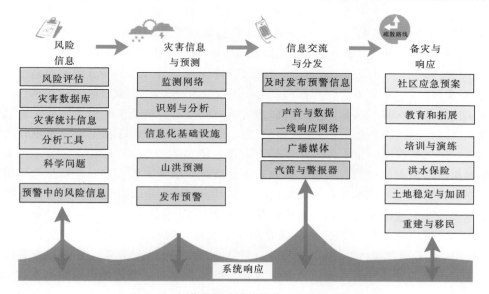

图 1.4 山洪预警系统的架构（WMO，2009）

从图 1.4 中可以看出，山洪早期预警系统并不独立于多灾种预警系统，相反，它是多灾种预警系统的一部分，并且具备单个有效多灾种早期预警系统的能力。对山洪预警系统而言，风险信息、灾害信息与预测子系统对水文气象学都有非常明确和具体的要求，但信息交流与分发、备灾与响应子系统对于其他灾种也同样是有效的。以上分析表明，无论是多灾种预警系统还是专门的山洪预警系统，都要求预警信息中包含涵盖时空特征的风险信息和良好的信息交流与分发方式等内容。

技术层面一旦识别或者确定了可能山洪发生以及山洪可能影响的区域，就应当向政府机构、媒体、公众以及其他可能受到影响的有关人员和团体提供相应的信息。预警信息，尤其是包含生命安全的信息，如果以简短、容易理解和熟悉的语言或方式传递，将会容易应用。基于很多多灾种预警系统的经验，国际上建立了数种预警产品的标准，对预警产品的结构和内容都进行了规范。很多多灾种预警系统发布的产品采用了"准备、就绪、启动"（Ready，Set，Go）3 层响应的理念传递所预测危险的严重性、紧迫性和预警发布的自信程度。这种理念具体体现在以下 4 种预警信息中：

（1）水文趋势预报（Hydrologic Outlook）——"准备"：用于说明危险的洪水事件有可能形成的情况，通常为需要较长预见期（数天）的人员和部门提供，采用较为简单朴实的语言进行描述。

（2）山洪警戒（Flash Flood Watch）——"就绪"：用于洪水事件发生可能性已经大大增加，但发生的确切信息、时间、地点尚未确定的情况，通常为需要较长预见期（数小时）的人员和部门提供，他们需要启动应急预案，并采取相应的行动。

（3）山洪警报（Flash Flood Warning）——"启动"：发布没有时间限制，在事件正在发生、即将到来或者极有可能发生的情况下，均可以发布。

（4）山洪状态声明（Flash Flood Statement）：发布各种建议或者更新信息，以便提供山洪预警取消、终止、扩大或者延长预警时间等信息。

我国建立了省、市、县、乡、村5级的山洪监测预警平台。预警信息来自两个主要渠道：一是水利部和中国气象局联合开展的国家级山洪灾害气象预警，分为可能发生、可能性较大、可能性大、可能性很大4个等级，在中央电视台天气预报节目中发出；二是由各地〔目前主要是县、乡（镇）等〕防汛部门发出，主要分为准备转移和立即转移两个级别。

为了提高山洪灾害监测预警能力，加强灾害发生时的快速反应能力，国务院批准水利部出台了《全国山洪灾害防治规划》，以此"加快实施山洪灾害防治规划，加强监测预警系统建设，建立基层防御组织体系，提高山洪灾害防御能力"。建立山洪灾害监测预警系统，是国家防治山洪灾害的一项重要的非工程性措施。山洪灾害监测预警系统是依据水利部技术要求和行业相关技术规范而开发设计的，具有技术先进、功能完善、应用成熟等特点。该系统由前端数据采集设备、供电设备、传输设备和监控中心组成，前端安装在水库或水电站的数据采集主机将采集到的视频图像、水位、降雨量、水温、气压等数据通过GPRS或3G等无线方式传输到监控中心，监控中心软件可以显示并分析前端设备采集的数据，当出现警情时会发出预警信息，提醒相关指挥人员做好抢险救灾工作准备。

了解国内外山洪灾害国内山洪灾害监测预警系统设计和研发的情况，再结合青海省的实际情况，为山洪灾害主动防御体系构建中监测预警体系的规划、设计和施工以及运行维护等环节都提供了大量有益的参考和借鉴。

1.2.2.4　山洪应急避险

国内外对于山洪灾害应急避险主要包括制订应急预案及应急避险两大部分，两部分中体现出不同的责任制。在北欧国家，制订应急预案要具体到社区，总体而言，预警信息由政府部门发送到相关社区，应急避险由社区人员自己负责；国内则是主要具体到村民小组一级，应急预案制定和避险都主要由基层政府干部负责。

在国外，地方政府通常会编制一些通俗易懂的手册，手册中的主要内容包括当地防洪管理人员的联系方式，洪水/山洪主要来源（如暴雨、溃堤/坝、溪河涨水、融雪、融冰等），政府采取的防洪措施（如河道整治、工程建设、监测预警设施建设、应急操作、政府防洪工作程序等），洪水来临前居民应采取的措施（如防洪准备、防洪应急规划和防洪保险购买、房屋防洪改造等），洪水到来时典型情况下应采取的措施（如密切关注不同等级的预警信息、关注报警电话、切断水电气、尽可能赶到安全地带等），洪水过后应采取的措施（如照顾好自己、抢修房屋、制订切实可行的恢复计划并实行等）。总之，政府的责任是详尽地尽到山洪危险的告知义务并协助灾后恢复，具体应急避险主要由居民自己行动。

在我国，主要是采用群测群防策略和措施，建立基层责任制体系、编制山洪防御预案、山洪灾害防御宣传及演练，以保证山丘区人民群众在山洪灾害发生时能安全转移到安全地带，灾后给予一定程度的灾后恢复帮助。

1.2.2.5 山洪防灾通信

一般而言，在山洪监测信息、预警分析信息、预警信息传递等各个环节（尤其是山洪灾害监测），环境都非常恶劣，要求稳健而广泛的通信渠道。近年来，由于平面新闻媒体、有线通信发布、无线通信发布的技术得到越来越广泛的使用。有线通信技术可以方便地实现电话、传真、计算机数据等综合信息的传递业务，但其主要通过光缆、电缆进行传输，受到地理条件的限制且抗毁能力差，一旦被摧毁，通信立刻被阻断且很难恢复。无线通信技术包括短波、超短波、微波等通信业务，其抗毁能力强，具有机动灵活、组网方便的优点，特别是卫星通信是应急通信的有效手段。因此，在卫星通信技术方面在防灾减灾中得到了重视和发展，以确保在任何情况下能够及时、快速、可靠地提供宽带多媒体通信服务，实施快速救援、处理等应急指挥。

青海省山洪暴发的地点多为偏远的山丘区，通信设施不太完善且比较脆弱，之前通常使用高音喇叭、敲锣、打鼓、吹哨等传统方式进行报警，具有很大的局限性，尤其应当重视防灾减灾通信能力建设。

1.3 实施情况

2009年，青海省西宁市、同仁县被列为全国2009年度试点县。通过该试点工作，青海省深入了解了山洪灾害防御方面的实际需求，弄清了青海省在山洪灾害防御方面存在的主要问题，获得了大量建设经验，为青海省山洪灾害主动防御体系构建项目建设打下了坚实基础。

随后，结合全国山洪灾害防治项目要求和青海省的实际情况，青海省按照总体规划、根据自身情况划分轻重缓急，有计划地开展了全省性的山洪灾害主动防御体系构建工作。防治项目建设范围涉及2个市、5个自治州、26个县（市、区），如表1.1及图1.1所示。从图1.1中可以看出，项目县集中分布于3个区域，东部及东北部西宁市、海东市、海南藏族自治州、海北藏族自治州、黄南藏族自治州所辖22县（区）集中成片，称之为Ⅰ区；东南部果洛藏族自治州甘德县及久治县集中成片，称之为Ⅱ区；南部玉树藏族自治州玉树市及囊谦县集中成片，称之为Ⅲ区。

1.3.1 研究情况

为了提高山洪灾害预警的科学性和准确性，本阶段还加强了针对青海省实际情况的山丘区暴雨洪水机理研究，主要包括地貌水文响应单元划分理论与标准和土壤含水量两个方面。

1. 地貌水文响应单元划分理论与标准

针对青海省干旱半干旱地区暴雨特征、小流域下垫面特征，综合利用土壤质地数据、土地利用和指标数据、地形等数据，开展了青海省典型地貌类型区的小流域下垫面地貌水文响应单元的划分理论与标准的研究，划分了快速产流单元、滞后产流单元、贡献较小产

表 1.1　　　　　　　　　　　青海省山洪灾害防治项目县（市、区）

序号	市（州）	实施县（市、区）	
		县（市、区）名称	数量
1	西宁市	西宁市城区（城东区、城西区、城北区、城中区）、湟中县、湟源县、大通县	4
2	海东市	平安区、互助县、乐都区、民和县、化隆县、循化县	6
3	海南藏族自治州	贵南县、兴海县、共和县、同德县、贵德县	5
4	海北藏族自治州	祁连县、门源县、海晏县、刚察县	4
5	黄南藏族自治州	同仁县、尖扎县、泽库县	3
6	果洛藏族自治州	甘德县、久治县	2
7	玉树藏族自治州	玉树市、囊谦县	2
合　　计			26

流单元等，其中快速产流单元、滞后产流单元又可以进一步划分快、中、慢 3 种类型。基于地貌水文响应单元，研究了不同地貌水文响应单元的对应产流机制。

2. 土壤含水量实时动态计算

研制了基于栅格形式的山丘区土壤水动态模拟模型；利用青海省地形地貌、植被、土壤等空间分布信息，以逐日气温、降雨、风速等气象资料为驱动，建立了青海省土壤含水量实时动态计算模型，研发了青海省 1km×1km 网格的逐日土壤含水量产品，对青海省不同地貌类型区沿河村落的雨量预警指标和小流域综合雨量预警指标分布深入研究提供支撑。

1.3.2　主要建设成果

2013—2015 年，建设范围涉及 2 个市、5 个自治州、26 个县（市、区）、293 个乡镇、3672 个行政村、8606 个自然村。通过本阶段的工作，掌握了青海省 26 县山洪灾害的区域分布、影响程度、风险区划等状况，确定危险区和预警指标，进一步完善了监测预警系统和群测群防体系，在重点区域逐步构建工程措施与非工程措施相结合的山洪灾害防御体系，显著增强了防灾减灾能力和风险管理能力，最大限度地减少人员伤亡和财产损失，为构建和谐社会、促进社会经济环境协调发展提供了安全保障。在以下 3 个方面实现了显著成效：

（1）通过山洪灾害调查评价，基本查清了全省山洪灾害的区域分布、灾害程度、主要诱因等，划定了防治区沿河村落的危险区，确定了预警指标和阈值，为山洪灾害监测预警和防御、工程治理提供支撑。

（2）通过已建非工程措施补充完善，全面提升了全省山洪灾害监测预警能力，高效发挥山洪灾害防治非工程措施的作用。在已经取得的县级非工程措施项目建设成果的基础上，进一步补充完善了监测站点，提高了骨干监测站点通信保障能力；进一步完善了山洪灾害监测预警系统，增强预警发布能力，扩大了预警范围；建设了中央、省、州（市）监测预警管理系统,实现了互联互通和信息共享;继续开展群测群防体系建设,不断提高山丘区群众主动防灾避险意识和自救互救能力。

(3)获得了青海省山洪灾害防治区 26 个县的山丘区小流域地貌水文响应单元划分标准及成果,分析了青海省小流域下垫面产流特性,为小流域暴雨洪水计算和预警指标计算提供了基础数据支撑。运用基于栅格形式的山丘区土壤水动态模拟模型及青海省土壤含水量实时动态计算模型,研发了青海省 1km×1km 网格的逐日土壤含水量产品。

第2章

研究内容及总体技术路线

2.1 研究内容

青海省山洪灾害防御工作中存在以下5个方面的问题：①山洪灾害防治至关重要的基础信息极为贫乏；②山洪灾害易发区通信条件、交通条件、经济发展水平相对落后，基本处于不设防状态，监测手段几乎呈现空白；③缺乏实用的预报预警技术，缺少适合干旱半干旱且下垫面植被条件极差条件下暴雨洪水的科学算法，难以做出实时准确的洪水预报；④人群流动性极大，人们主动防灾避灾意识不强；⑤山洪灾害防御责任制和预案体系不健全。研究内容为山洪灾害防御数据支撑体系、山洪灾害防御对象预警指标体系、山洪灾害易发区监测预警体系以及山洪灾害防御群测群防体系4个体系的构建。4项研究内容是针对青海省山洪灾害防御中存在的具体问题提出的，彼此间相互独立成体系，但又相互关联和支撑，各项研究内容之间的关系如图2.1所示。

由图2.1可见，全要素数据支撑体系和预警指标体系是监测预警体系和群测群防体系重要的支撑，监测预警体系和群测群防体系是防御工作具体的实施，并且反过来也不断补充和完善数据支撑体系和预警指标体系，4个体系都针对山洪灾害防御工作运行和不断完善，这样，就形成了自动监测预警网络与局地监测预警相结合的山洪灾害主动防御网络。

2.1.1 山洪灾害防御数据支撑体系

山洪灾害防御工作需要在山洪防治区基础信息以及暴雨洪水实时信息获取、科学预警、正确转移安置、防灾减灾全面系统规划等方面取得主动，就需要掌握全面细致的基础信息，以及暴雨洪水发生时的实时雨水情。因此，需要根据青海省山洪灾害防御所需的基础信息，研究相应的全要素数据支撑体系。此数据支撑体系的建立，将为监测预警体系和群测群防体系提供关键而又重要的基础信息支撑。

大致而言，所需基础信息包括弄清保护对象所在地区的暴雨洪水特征，摸清防御保护对象的范围、分布，现状防洪能力，各级危险区村落、城集镇、企事业单位等的人口、数

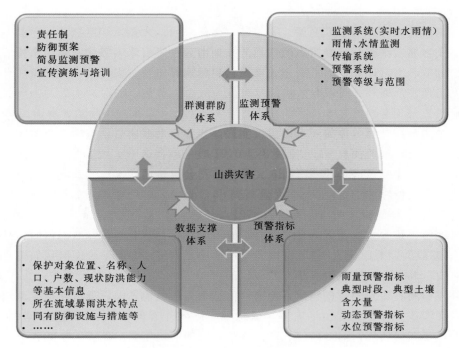

图 2.1　研究内容之间的关系

量及其分布，涉水工程对山洪灾害防御的影响等，全面了解全省山洪灾害的严重程度和分布态势；为此，还需进一步获得水文气象、山丘区小流域特征、河道地形、流域土地利用、植被覆盖、土壤质地、历史山洪灾害规模及其分布、人口沿高程分布等信息，进而开展分析计算，获得更深入和详细的基础信息。

2.1.2　山洪灾害防御对象预警指标体系

根据降雨及水位等信息，判断是否可能有山洪灾害发生，并且尽可能地提前发出预警，以赢得宝贵的转移时间，是山洪灾害防御工作中非常核心且难度又非常巨大的工作。降雨和水位的临界信息，可以为预警提供十分重要的参考信息。针对青海全省典型沿河村落及企事业单位等山洪灾害防御保护对象，建立典型时段、代表性流域土壤含水量条件下的临界雨量，以及沿河村落和城集镇的临界水位，进而确定相应的预警指标，建立全省范围内的山洪灾害防御对象预警指标体系，科学进行山洪预警，提高山洪灾害预警的准确性，是研究的核心内容之一。

预警指标的分析计算，与流域暴雨洪水密不可分。山洪灾害易发区缺乏实用的预报预警技术，缺少适合于青海省这种干旱半干旱且下垫面植被条件极差条件下暴雨洪水的科学算法，不能做出实时准确的洪水预报。产流汇流是流域暴雨洪水的重要环节与内容。青海省属干旱半干旱气候条件，且绝大部分有人聚居的山丘区，坡度很大，植被条件极差，土壤具有一定的下渗能力，小流域产流与汇流具有一定特点。如何充分将这些特点考虑到预警指标分析过程中，进而探讨动态预警指标，也是本课题的重要研究内容。

2.1.3 山洪灾害易发区监测预警体系

山洪灾害易发区监测预警体系的核心任务是实时收集山洪灾害易发区雨水情信息,并传输到信息中心进行处理,信息中心如果识别到可能有山洪灾害发生,则及时向有关人群和单位发出预警,以利于采取有效措施尽可能地减少人员伤亡和财产损失。因此,监测系统、传输系统与预警系统是本体系的核心环节。

自动监测系统是实时收集雨水情信息的硬件基础。水雨情自动监测系统扩大了山洪灾害易发区水雨情收集的信息量,提高了水雨情信息的收集时效,为山洪灾害的预报预警、做好防灾减灾工作提供准确的基本信息。自动监测系统包括:水雨情监测站网布设、信息采集方式、信息传输通信组网、设备设施配置、信息接收与处理等,都是监测系统需要研究的内容。

信息网络系统是监测预警体系的重要组成部分,负责信息的及时准确传输,在这个体系中应当包括哪些组成部分,省级网络、市(州)级网络、县级平台网络如何构建,如何保障信息安全等,都是需要重点研究和构建的。

此外,监测收集到的信息经网络传输到信息中心,由信息中心分析处理后识别山洪灾害的出现和哪些地方可能有山洪灾害,信息中心需要通过预警系统及时将该信息发送出去。预警系统如何构成?信息如何表现?接收人群如何快速明白预警信息的含义并采取相应的措施?

一般而言,山洪灾害易发区水雨情监测站点非常少,基本没有有效的监测手段,人们不能够及时准确地监测到水雨情信息,项目实施前,青海省监测手段几乎呈现空白状态,如何在这样的情况下,构建青海省行之有效的山洪灾害监测预警体系,是研究的重要内容。

2.1.4 山洪灾害防御群测群防体系

群测群防已成为山洪灾害防御非工程措施的主要手段和工具之一。一般而言,山洪灾害群测群防体系是指山洪灾害易发区的县(市、区)、乡镇两级人民政府和村(居)民委员会,组织辖区内企事业单位和广大人民群众,在水利、防汛主管部门和相关专业技术单位的指导下,通过责任制建立落实、防灾预案编制、社区山洪灾害防御、防灾知识宣传、避险技能培训、避灾措施演练等手段,实现对山洪灾害的预防、监测、预警和主动避让的一种防灾减灾体系。

如前所述,体系实施前,青海省存在着山洪灾害易发区人群主动防灾避灾意识不强,或者虽然意识到了但措施不力,农业区和牧区并存,农业区居民地固定,但牧区人群流动性极大等问题;此外,山洪灾害易发区还缺乏科学的山洪灾害防御预案和预警预报体系。因此,如何结合青海具体情况,建立行之有效的山洪灾害防御群测群防体系,也是本项目的研究内容。

2.2 总体技术路线

青海省山洪灾害主动防御体系构建主要包括数据全要素支撑体系、预警指标体系、监测预警体系和群测群防体系 4 个组成部分。总体技术路线以全要素数据支撑体系和预警指标体系为基础，以监测预警体系和群测群防体系为手段，形成自动监测预警网络与局地监测预警相结合的山洪灾害主导防御一张网。项目总体技术路线如图 2.2 所示。

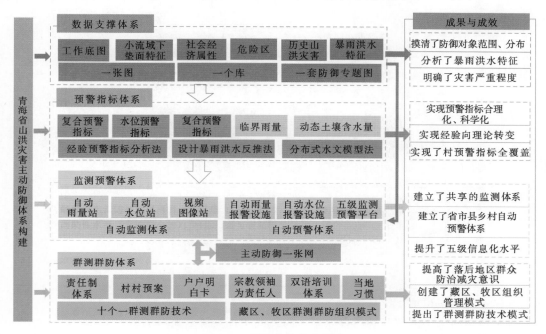

图 2.2　项目总体技术路线

2.2.1　数据支撑体系构建

数据支撑体系构建技术路线如图 2.3 所示。由图 2.3 可见，数据支撑体系的构建，主要分工作底图制作、小流域基础属性数据提取以及防治区基本信息获取、数据库建设 4 个方面，各方面主要技术路线如下：

2.2.1.1　工作底图制作

通过 GIS 工具，对青海省基础地理信息数据整理，并编制山洪灾害防治项目县的工作底图，含县域及其周边 2km 范围内行政区划、居民地、水系、河道、交通以及高精度遥感图像等，包括了国家测绘局提供的除有保密要求以外的 GIS 全要素的所有图层。

2.2.1.2　小流域基础属性数据提取

基于 DEM 数据，通过 GIS 空间分析功能以及水文分析计算，提取得到小流域基础属性数据，包括积雨面积、形状系数、河道长度、河道比降、植被覆盖、土壤质地、汇流特性曲线等，可为简易的暴雨洪水计算提供所需流域的绝大部分信息。

2.2.1.3　防治区基本信息获取

通过内外业调查，获取防治区社会经济信息、危险区基本情况、历史山洪灾害信息、暴雨洪水特点等基础信息。

开展实地测量工作，对防治区内典型沿河村落、城（集）镇等保护对象的河段，测量

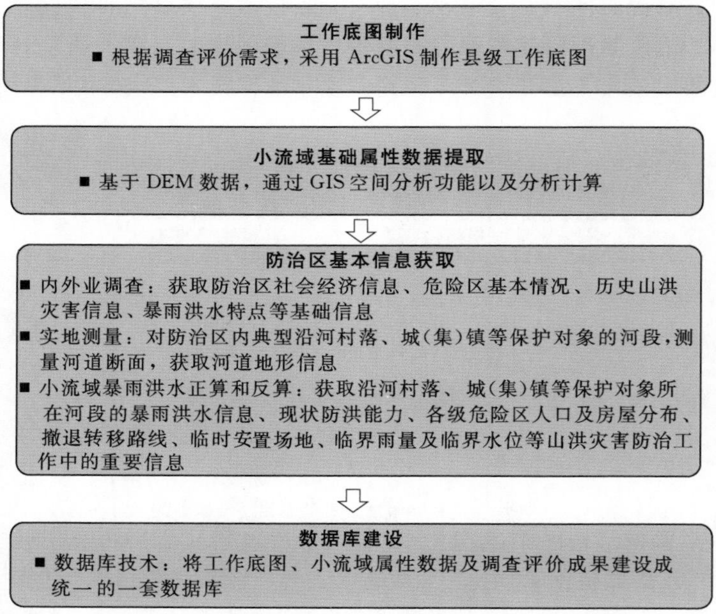

工作底图制作
■ 根据调查评价需求，采用 ArcGIS 制作县级工作底图

小流域基础属性数据提取
■ 基于 DEM 数据，通过 GIS 空间分析功能以及分析计算

防治区基本信息获取
■ 内外业调查：获取防治区社会经济信息、危险区基本情况、历史山洪灾害信息、暴雨洪水特点等基础信息
■ 实地测量：对防治区内典型沿河村落、城（集）镇等保护对象的河段，测量河道断面，获取河道地形信息
■ 小流域暴雨洪水正算和反算：获取沿河村落、城（集）镇等保护对象所在河段的暴雨洪水信息、现状防洪能力、各级危险区人口及房屋分布、撤退转移路线、临时安置场地、临界雨量及临界水位等山洪灾害防治工作中的重要信息

数据库建设
■ 数据库技术：将工作底图、小流域属性数据及调查评价成果建设成统一的一套数据库

图 2.3 数据支撑体系构建技术路线

河道断面，获取河道地形信息。

在工作底图、小流域基础属性数据、内外业调查及河道地形信息的基础上，通过分析评价，获取沿河村落、城（集）镇等保护对象所在河段的暴雨洪水信息、现状防洪能力、各级危险区人口及房屋分布、撤退转移路线、临时安置场地、临界雨量及临界水位等山洪灾害防治工作中的重要信息。

2.2.1.4 数据库建设

采用数据库技术，将工作底图、小流域属性数据及调查评价成果建设成统一的数据库。

2.2.2 预警指标体系构建

通过经验预警指标分析法、设计暴雨洪水反推法、分布式水文模型法等方法，通过重点考虑临界雨量、动态土壤含水量等，分析计算雨量预警指标、水位预警指标、复合预警指标，构建防治区内预警指标体系。

图 2.4 给出了采用预警指标体系构建技术路线图。

2.2.2.1 成灾水位确定

成灾水位是倒推预警指标的最初出发点，指居民聚居区内发生山洪灾害的最低水位，当实际水位超过此水位时就会成灾，通常根据调查成果确定。

2.2.2.2 预警方式及其关键信息确定

预警分为雨量预警和水位预警两种方式。雨量预警是通过分析沿河村落、集镇和城镇等防灾对象所在小流域不同预警时段内的临界雨量，将预警时段和临界雨量二者有机结合作为山洪预警指标的方式。水位预警是通过分析沿河村落、集镇和城镇等防灾对象所在地

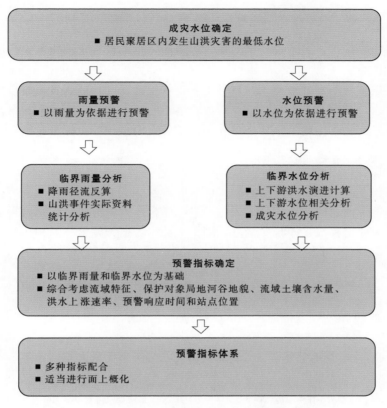

图 2.4 预警指标体系构建技术路线

上游一定距离内典型地点的洪水位，将该洪水位作为山洪预警指标的方式。临界雨量和临界水位是两种预警方式最主要的关键信息。

2.2.2.3 临界雨量与临界水位分析

临界雨量是雨量预警方式的核心参数，即导致一个流域或区域发生山洪灾害的，场次降雨量达到或超过的最小量级和强度；通过综合分析降雨强度、流域土壤含水量、产汇流特性、防灾对象控制断面成灾水位的行洪能力等因素，通过降雨径流反算或大量山洪灾害事件实测资料统计分析后得出。

临界水位是水位预警方式的核心参数，指防灾对象上游具有代表性和指示性地点的水位；在该水位时，洪水从水位代表性地点演进至下游沿河村落、集镇、城镇以及工矿企业和基础设施等预警对象控制断面处，水位会到达成灾水位，可能会造成山洪灾害。通常通过上下游洪水演进或上下游水位相关分析等方法分析得到。

2.2.2.4 预警指标确定

由于沿河村落、集镇和城镇等防灾对象因所在河段的河谷形态不同，洪水上涨与淹没速度会有很大差别，这些特性对山洪灾害预警、转移响应时间、危险区危险等级划分等都有一定影响。考虑防治对象所处河段河谷地貌、流域土壤含水量、洪水上涨速率、预警响应时间和站点位置等因素，在临界雨量的基础上综合确定准备转移和立即转移的预警指标。

2.2.2.5 预警指标体系构建

通过多种指标配合，适当进行面上概化等程序，得到覆盖全部山洪灾害防治区保护对象的预警指标体系。

此外，还以实时动态计算得到的逐日土壤含水量为基础，运用青海省设计暴雨洪水反推法和经验方法，计算分析青海省重点沿河村落不同时段的临界雨量和预警指标，绘制不同地貌类型区沿河村落的雨量预警指标和小流域综合雨量预警指标分布图。

2.2.3 监测预警体系构建

监测预警体系要对全省山洪灾害易发区实时雨情、实时水情进行监测，并在较大范围内实现数据和信息的及时稳定传输，通过简易或者模型计算分析，识别到可能发生山洪灾害的信息后，及时全覆盖发布预警信息。图 2.5 给出了监测预警体系构建的技术路线。

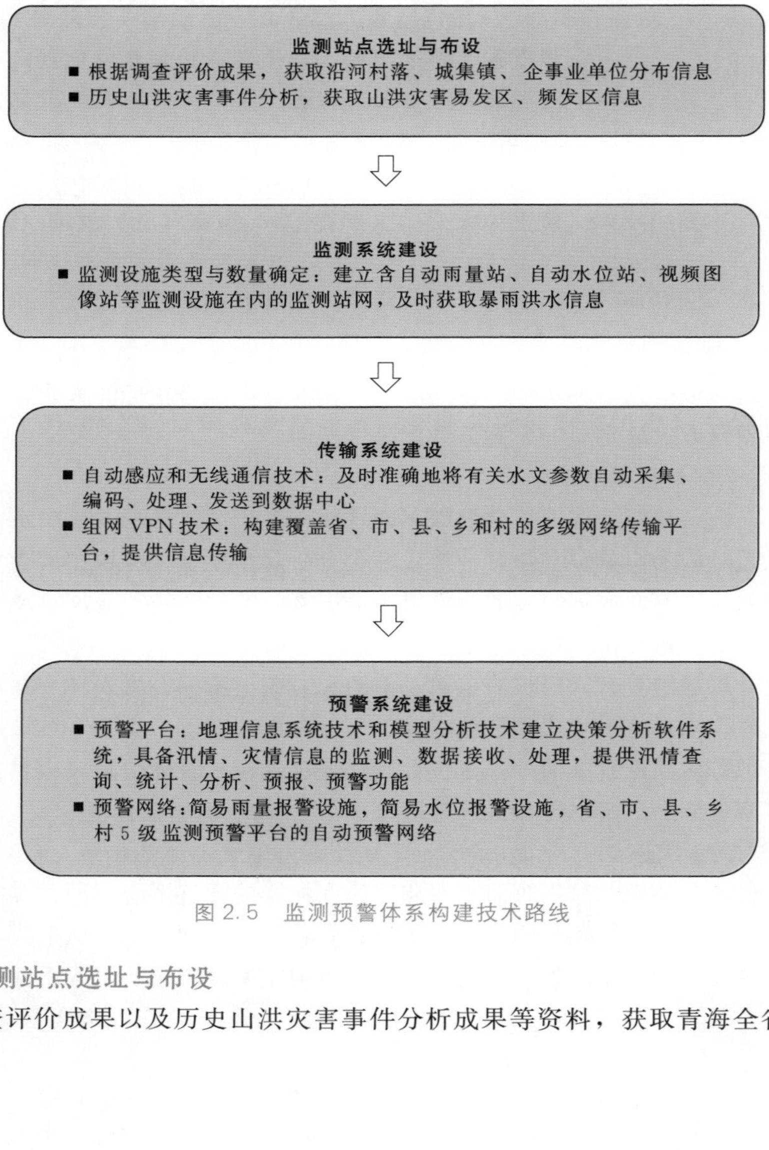

监测站点选址与布设
- 根据调查评价成果，获取沿河村落、城集镇、企事业单位分布信息
- 历史山洪灾害事件分析，获取山洪灾害易发区、频发区信息

监测系统建设
- 监测设施类型与数量确定：建立含自动雨量站、自动水位站、视频图像站等监测设施在内的监测站网，及时获取暴雨洪水信息

传输系统建设
- 自动感应和无线通信技术：及时准确地将有关水文参数自动采集、编码、处理、发送到数据中心
- 组网 VPN 技术：构建覆盖省、市、县、乡和村的多级网络传输平台，提供信息传输

预警系统建设
- 预警平台：地理信息系统技术和模型分析技术建立决策分析软件系统，具备汛情、灾情信息的监测、数据接收、处理，提供汛情查询、统计、分析、预报、预警功能
- 预警网络：简易雨量报警设施，简易水位报警设施，省、市、县、乡村 5 级监测预警平台的自动预警网络

图 2.5　监测预警体系构建技术路线

2.2.3.1 监测站点选址与布设

根据调查评价成果以及历史山洪灾害事件分析成果等资料，获取青海全省山洪灾害防

治区内山洪灾害易发区、频发区信息，并进一步细化到山丘区沿河村落、城集镇、企事业单位等保护对象的分布信息。

2.2.3.2　监测体系

通过建立含自动雨量站、自动水位站、视频图像站等监测设施在内的监测站网，及时获取暴雨洪水信息，构建监测体系，为山洪灾害易发区提供全覆盖的监测信息。

2.2.3.3　传输系统

运用自动感应和无线通信技术及时准确地将有关水文参数自动采集、编码、处理、发送到数据中心。收集和监测水文特征及雨量时空分布数据，掌握实时降雨和水位变化，为决策指挥提供数据支撑。运用组网 VPN 技术构建覆盖省、市、县、乡和村的多级网络传输平台，为各级政府和防汛指挥部的信息传输、信息交换、灾情会商、山洪警报传输提供信息传输平台。

2.2.3.4　预警系统

预警平台：运用地理信息系统技术和模型分析技术建立决策分析软件系统，具备汛情、灾情信息的监测、数据接收、处理，提供汛情查询、统计、分析、预报、预警功能。将决策指挥平台分析、判研后发出的预警信息，发送到相关责任人的支持平台。

分级预警网络：通过简易雨量报警设施，简易水位报警设施，省、市、县、乡、村 5级监测预警平台的自动预警网络，及时发出预警信息，构建自动监测预警体系，为山洪灾害易发区提供全覆盖的监测预警信息。

2.2.4　群测群防体系构建

结合青海省多民族聚集、农业区和牧区并存等特点，通过建立县、乡、村、组、户并涵盖企事业单位、寺庙、学校的 5级责任制体系，县、乡、村 3级预案体系，群众易于掌握实施的简易监测预警设备，基于受众认知水平的宣传培训演练等群测群防技术与措施，建立青海省山洪灾害群测群防体系。其构建技术路线如图 2.6 所示。

由图 2.6 可见，责任制包括组织机构和部门职责两部分构建，组织机构方面，需建立全面覆盖的县、乡、村、组、户 5级山洪灾害防御群测群防组织机构；部门职责方面，实行各级人民政府行政首长负责制，并分级分部门落实岗位责任制和责任追究制。

山洪灾害防御预案要求编制县、乡、村（涵盖寺庙、学校、工矿企业）3级防御预案，预案经审查批准后，应纳入县级平台预案库备案，以供监督执行。

简易监测预警是根据乡村级的具体情况，通过建立降雨及水位自动报警器局部小网络，在小范围内发布预警信息，如降雨监测信息，水库及河道水位监测信息，暴雨洪水预报信息，降雨、洪水位是否达到临界值，预警信息等级等。预警方式主要有手摇报警器、喇叭、鸣锣、人员喊话等传统预警方式，局部地方条件较好的，也可能有部分电话、电视媒体、手机短信、预警广播、视频会商等现代预警手段。

宣传培训与演练中，充分考虑青海省实际情况，相关材料由汉藏双语制作，并借助宗教活动开展宣传培训与演练工作，加强技术人员培训。

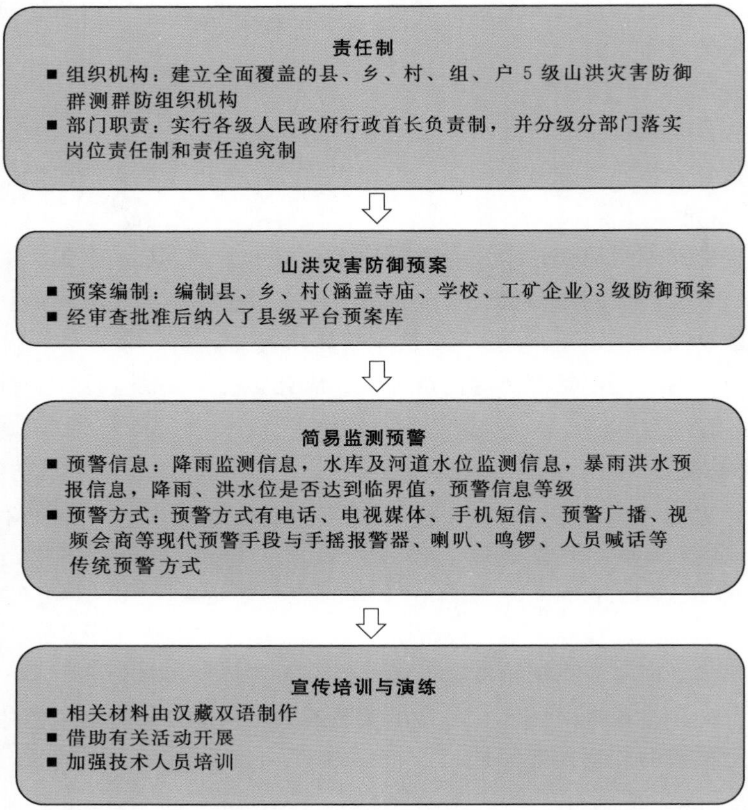

责任制
- 组织机构：建立全面覆盖的县、乡、村、组、户 5 级山洪灾害防御群测群防组织机构
- 部门职责：实行各级人民政府行政首长负责制，并分级分部门落实岗位责任制和责任追究制

山洪灾害防御预案
- 预案编制：编制县、乡、村(涵盖寺庙、学校、工矿企业)3 级防御预案
- 经审查批准后纳入了县级平台预案库

简易监测预警
- 预警信息：降雨监测信息，水库及河道水位监测信息，暴雨洪水预报信息，降雨、洪水位是否达到临界值，预警信息等级
- 预警方式：预警方式有电话、电视媒体、手机短信、预警广播、视频会商等现代预警手段与手摇报警器、喇叭、鸣锣、人员喊话等传统预警方式

宣传培训与演练
- 相关材料由汉藏双语制作
- 借助有关活动开展
- 加强技术人员培训

图 2.6 群测群防体系构建技术路线

2.3 本章小结

本章介绍了项目的研究内容及总体技术路线。

针对青海省山洪灾害防御存在的五方面问题，研究内容确定为山洪灾害防御数据支撑体系、山洪灾害防御对象预警指标体系、山洪灾害易发区监测预警体系以及山洪灾害防御群测群防体系 4 个体系的构建，彼此间相互独立成体系，但又相互关联和支撑。

针对 4 个体系，总体技术路线由总到分，介绍了各个体系构建中采用的技术路线。

数据支撑体系构建主要分工作底图制作、小流域基础属性数据提取以及防治区基本信息获取 3 个方面，采用 GIS 制图、GIS 空间分析及水文分析、现场调查与走访、暴雨洪水分析计算、数据库建设等手段开展。

预警指标体系通过经验预警指标分析法、设计暴雨洪水反推法、分布式水文模型法等方法，通过重点考虑临界雨量、动态土壤含水量等，采用降雨径流反算、山洪事件实际资料统计分析、上下游洪水演进计算、上下游水位相关分析、成灾水位分析等方法，分析计算雨量预警指标、水位预警指标、复合预警指标以及构建防治区内预警指标体系。

监测预警体系通过监测站点选址与布设、建立含自动雨量站、自动水位站、视频图像站等监测设施在内的监测站网，采用自动感应和无线通信技术以及组网 VPN 技术等，构建覆盖省、市、县、乡、村的多级网络传输平台，提供信息传输，及时准确地将有关水文参数自动采集、编码、处理、发送到数据中心，通过简易或者模型计算分析后，识别到可能发生山洪灾害的信息后，及时发布预警信息，要求对可能受影响地区和人群实现全覆盖。

山洪灾害群测群防体系构建通过责任制、预案编制、简易监测预警设备、宣传培训和演练等技术与措施实施。

第 3 章

数 据 支 撑 体 系

在项目工作中，课题首先制作了青海省山洪灾害调查评价基础数据和工作底图，进而通过开展全省 26 个山洪灾害防治区项目县的山洪灾害调查与分析评价工作，获得了全省防治区山洪灾害防御所需的基础资料。依据行政管理及流域两个角度的信息需求，收集整理了相应数据，全面分析了青海省山洪灾害防治区内山丘区水文气象特性、小流域下垫面水文特征、小流域暴雨山洪特性及历史山洪灾害、社会经济及危险区人员分布、人类活动影响等，通过对基础数据与调查评价成果数据的审核汇集与挖掘分析，取得了系列原创性基础数据成果，建立了青海省山洪灾害防御的数据支撑体系。

3.1　山洪灾害防御基础信息需求

数据支撑体系是青海省山洪灾害主动防御体系的数据基础，为山洪灾害防御提供信息支撑，反映青海省山丘区水文气象特性、小流域下垫面水文特征、小流域暴雨山洪特性及历史山洪灾害、社会经济及危险区人员分布、人类活动影响等。大体而言，所需基础信息可以从管理和流域两个角度进行梳理，两个角度梳理成果的范围都覆盖青海全省，重点为山洪灾害防治区。

3.1.1　管理角度信息

管理角度主要是从行政管理角度出发对于山洪灾害防御所需的基础信息，侧重于数据成果的统计与汇总方面的管理，主要包括以下方面：

（1）各级行政区内沿河村落、城集镇、企事业单位等防御保护对象的数量、名称、人口及其空间分布情况。

（2）各级行政区内危险区分布，各危险区内沿河村落、城集镇、企事业单位等防御保护对象的数量、名称、人口及其分布情况。

（3）各级行政区内沿河村落、城集镇等防御保护对象的现状防洪能力。

（4）各级行政区内山洪灾害监测预警设施的种类、数量、地点、运行状况。

（5）各级行政区内历史山洪灾害发生地点、规模及其损失情况。

（6）各级行政区内可能对山洪产生影响的涉水工程的种类、数量及其分布情况。

（7）各级行政区内沿河村落、城集镇、企事业单位等防御保护对象的山洪灾害预警指标。

（8）各级行政区内沿河村落居民户户数及其家庭资产大致情况。

3.1.2　流域角度信息

流域主要是指有沿河村落、城集镇、企事业单位等防御保护对象分布的小流域，流域角度关注的信息偏重于自然属性，用于山洪的分析计算，以及现状防洪能力计算、临界雨量、临界水位分析进而确定预警指标等，主要包括以下方面：

（1）小流域的几何特征，如流域面积、形状。

（2）小流域的地形特征，如坡面坡度、相对高差，影响暴雨洪水过程的产汇流。

（3）小流域的河道/沟道特征：如河道长度、河道密度、坡度、卡口、展宽等。

（4）小流域所在地区的短历时、强降雨的暴雨特征。

（5）小流域的洪水特征。

（6）沿河村落、城集镇等防御保护对象附近河道（沟道）的河道地形，如纵断面、横断面、糙率等。

（7）可能对山洪产生影响的涉水工程的种类、数量及其分布情况，如小型水库、塘坝、闸门、桥梁、涵洞等。

（8）小流域土地利用情况，影响暴雨洪水过程的产汇流。

（9）小流域植被覆盖情况，影响暴雨洪水过程的产汇流。

（10）小流域土壤质地，如土壤下渗能力等，影响暴雨洪水过程的产汇流。

（11）小流域历史洪水信息，如洪痕、淹没范围等，提供重要的山洪影响信息。

（12）沿河村落人口沿高程的分布等。

3.2　数据获取关键技术与方法

数据支撑体系建立涉及水文、测绘、遥感、地理信息技术等多个专业领域，技术难度大。为保证项目基础数据的质量和一致性，最大限度实现资源共享，采用了现代先进技术和方法，利用卫星遥感影像、数字高程模型等数据资源，统一完成小流域基本信息的提取处理和工作底图的制作。进而基于山洪灾害调查，通过对水文气象数据、小流域下垫面特征数据、社会经济数据的整编，开展山洪灾害分析评价工作，进一步获得了沿河村落、城集镇等保护对象现状防洪能力及预警指标，各级危险区人口及房屋分布，转移路线及临时安置地点等关键信息，形成了完整的全要素数据集，为山洪灾害防治工作奠定了坚实的基础。

3.2.1　基础底图数据及小流域属性数据提取

小流域划分是山洪灾害基础数据的最主要内容之一，其核心技术路线是以山丘区自然地形地貌特征为基础，划分山洪小流域，并建立流域拓扑关系、地表水系拓扑关系，在此基础上，提取小流域基础属性，建立一套完整的小流域下垫面特征参数，全面摸清小流域下垫面的基础特征。

小流域划分的主要原理是利用流域汇水关系，建立流域-水系拓扑模型，按照 $10\sim50km^2$ 面积划分山丘区小流域。基于 DEM、DOM、地质和土壤数据等基础数据，提取沟道、水系和小流域，形成小流域划分成果数据，为小流域基础属性提取及其地貌单位线的提取提供支撑。小流域划分的主要技术难点包括对洼地的处理、平坦区域的处理、基于 D8 算法的水流流向确定、流域排水网格的确定、流域边界线的确定、子流域的划分、网格上游汇水面积和伪河道及水库的处理等。

同时提取小流域的基础属性，形成小流域下垫面特征参数数据集。主要包括小流域面积、周长、型心点高程、出口点高程、形状系数、最长汇流路径长度及比降，河道（河段）长度及比降、河道（河段）出口断面简化形式等。在水系河流编码基础上完成小流域的统一编码，建立小流域拓扑关系以及小流域与行政区划、监测站点、水利工程的关联关系。

3.2.2　山洪灾害调查

以县为单元开展山洪灾害调查是数据获取最为主要和关键的工作。图 3.1 给出了山洪灾害调查工作流程和数据流向图。图 3.2 给出了山洪灾害调查过程中采用的关键技术与方法。

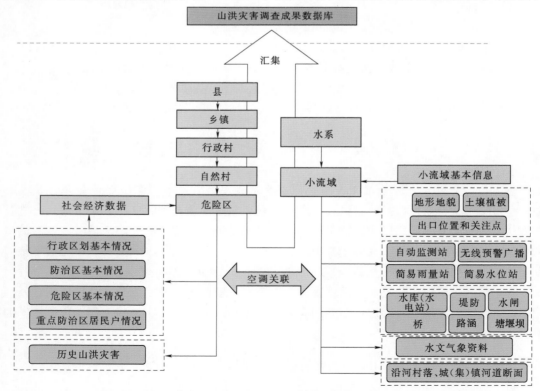

图 3.1　山洪灾害调查工作流程和数据流向图

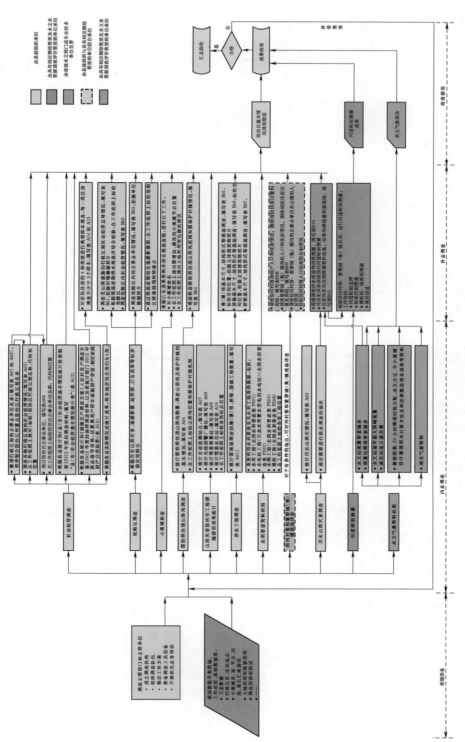

图 3.2 山洪灾害调查技术路线图

由图 3.2 可见，山洪灾害调查主要步骤可分为前期准备、内业调查、外业调查和检查验收 4 个阶段。

（1）前期准备阶段。在前期基础工作中，采用 GIS 水文分析功能，划分了小流域，分析提取了小流域基本属性，制作了工作底图，开发了现场数据采集终端软件。工作底图主要包括：卫星影像图、县和乡（镇）界（线、面）、居民地点、小流域图及基础属性等。

（2）内业调查阶段。以县级调查机构为主组织实施，针对调查对象的特点，根据收集到的资料，调查人员登记调查对象名录，包括调查对象名称、位置、规模等基本信息。对于可在内业完成的调查任务，直接填写相应对象的调查信息。对调查的信息进行审核、检查，确保调查对象不重不漏，确定调查表的填报单位。

（3）外业调查阶段。根据内业调查阶段的成果和调查对象的实际情况，调查表填报单位或调查员分别通过基层填报、实地访问、现场测量、工程查勘、推算估算等方法获取调查数据。

（4）检查验收阶段。县级调查机构采取交叉作业的方式，抽取一定比例调查信息进行检查，与已有成果进行对比，统计分析错误率，不满足验收标准要求重新调查，直至满足验收标准为止。通过调查评价数据审核汇集软件按预先设定的审核关系进行自动校审，发现错误及时处理。上级调查机构指导下级调查机构审核工作，进行随机抽查、检查，发现问题及时解决，避免系统性偏差。

3.2.3　山洪灾害评价

以县为单元开展山洪灾害分析评价也是数据获取最为主要和关键的工作。分析评价基于基础数据处理和山洪灾害调查的成果，针对沿河村落、集镇和城镇等具体防灾对象开展，按工作准备、暴雨洪水计算、分析评价、成果整理 4 个阶段进行，各阶段开展工作采用的关键技术与方法见图 3.3。

（1）工作准备阶段。根据山洪灾害调查结果，确定需要进行山洪灾害分析评价的沿河村落、集镇、城镇等名录。从基础数据和调查成果中提取与整理工作底图、小流域属性、控制断面、成灾水位、水文气象资料，以及现场调查的危险区分布、转移路线和临时安置地点等成果资料，对资料进行评估并选择合适的分析计算方法，为暴雨洪水计算和分析评价做好准备。

（2）暴雨洪水计算阶段。假定暴雨洪水同频率，根据指定频率，选择适合当地实际情况的小流域设计暴雨洪水计算方法，对各个防灾对象所在的小流域进行设计暴雨分析计算，对相应的控制断面进行水位流量关系和设计洪水分析计算，得到控制断面各频率的洪峰流量、洪量、上涨历时、洪水过程以及洪峰水位，论证计算成果的合理性。

（3）分析评价阶段。基于小流域设计暴雨洪水计算的成果，进行沿河村落、集镇和城镇等防洪现状评价、预警指标分析、危险区图绘制等分析评价工作。

1）防洪现状评价采用频率分析或插值等方法，分析成灾水位对应洪峰流量的频率，运用特征水位比较法，以及人口沿高程分布关系，分析评价防灾对象的现状防洪能力，并采用频率法确定危险区等级，统计各级危险区内的人口、房屋等基本信息。

2）雨量预警指标可采用经验估计、降雨分析以及模型分析等方法进行分析确定。基

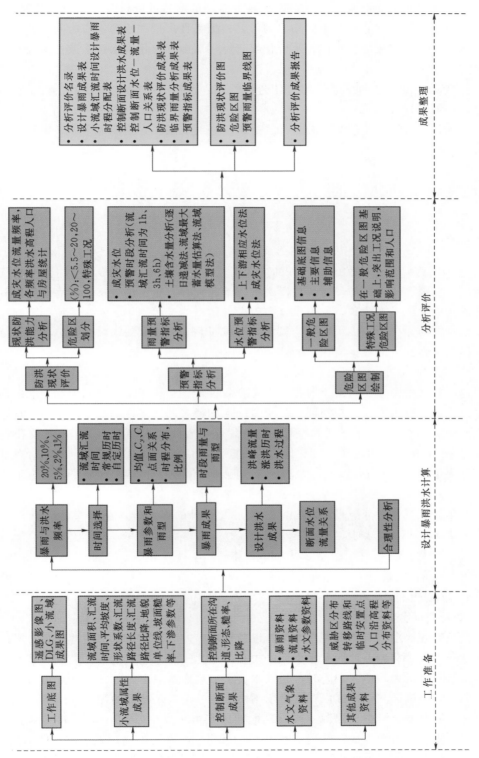

图 3.3 山洪灾害分析评价技术路线图

本方法是根据成灾水位反推流量，由流量反推降雨。重点通过分析成灾水位、预警时段、土壤含水量等，计算得到防灾对象的临界雨量，根据临界雨量和预警响应时间综合确定雨量预警指标，并分析成果的合理性。水位预警指标采用上下游相应水位法或由成灾水位直接分析确定。

3）危险区图在统一提供的工作底图上进行绘制，包括不同等级的危险区范围、人口、房屋信息，预警指标等信息。

（4）成果整理阶段。汇总整理分析计算成果，编制成果表，绘制成果图，撰写并提交分析评价成果报告。

3.3 水文气象基础信息

3.3.1 暴雨分布特征

局地短历时强降雨是诱发山洪灾害的主要因素，把握暴雨区域暴雨空间分布特征及区域性大中尺度强降雨的规律，对于山洪灾害防治研究具有重要的意义。青海省通过开展山洪灾害调查评价工作，收集、整编了青海省及各州市的暴雨图集、水文手册等资料，为青海省暴雨特征规律分析、山洪灾害防御重点区域研判、小流域暴雨洪水计算、预警指标计算研究提供了强有力的数据支撑。

3.3.1.1 降雨时间分布

根据青海省暴雨图集、水文手册等资料，青海省全省年降雨量有自东南和东北向西北逐渐减少的趋势，青南高原在东南部，是全省降水量最多的地区，如久治站多年平均降雨量达 750mm 以上；祁连山地东段和拉脊山之间，是本省降雨次多区，多年平均降雨量为 350～750mm；柴达木盆地远离水汽源地，水汽含量小，所以盆地降雨量极少，除东部边缘地带年降雨量不足 100mm 以外，中心地带及西部沙漠地区的年降水量仅十几毫米或常年不降雨。

青海省年降水量年内分配很不均匀，5—9 月 5 个月的降水量占全年降雨量的 80% 以上，有的可达 90% 以上，柴达木地区的 6—7 月和全省其他地区的 7—8 月的降雨量占全年降雨量的一半左右，11 月至次年 3 月则降雨量很少，只占全年降雨量的 5% 左右（柴达木地区为 10% 左右）。此外，青海省夜间降水比例较大，在柴达木盆地，有的地区变差系数 C_v 可达 0.7 以上。

3.3.1.2 暴雨空间分布

由于青海省各地水汽、热力和动力条件以及地形的差异，致使暴雨的地理分布规律并不与降水量相一致。祁连山地的湟水干流区拉脊山东北侧和大通山南侧，是全省暴雨出现次数最多，暴雨量最大的地区，同时也是洪水灾害出现次数最多的地区。在祁连山地暴雨常常发生在湟水干流区，在该区内有两个暴雨中心，一个是东南面的民和、乐都一带；另一个是西北面的大通、湟中、湟源一带，其他地区则很少发生暴雨。全省 90% 以上暴雨发生在湟水干流各个山沟谷地，其余不到 10% 的暴雨发生在青南高原地区或柴达木盆地。

玉树、果洛等地区，虽然离水汽源地较近，但由于海拔高，近地层热力条件不足，且位置偏南，北来冷空气往往不易翻越昆仑山和巴颜喀拉山，对暖湿气流的抬升作用不大。因此，这些地区虽然年降水量大，但暴雨次数却不多，强度亦小。柴达木盆地四周高山环立，由于重重山脉的阻拦，来自东南或西南的气流，水汽含量已经甚小，加之下垫面景观绝大部分为荒漠，十分干燥，是暴雨出现次数最少的地区。

3.3.1.3 暴雨分区特性

1. 祁连山地的湟水干流地区

本区盛夏季节，各河谷沟地经常出现高强度，短历时的暴雨，且其路径多数为由西向东移动，雨轴线一般呈西北—东南向。如 1970 年 8 月 14—15 日民和县巴洲雨量站 24h 暴雨集中在 12h 之内降落。据降雨资料分析，年最大 6h 降雨量与年量大为 24h 降雨量的比值均为 0.7 左右，3h 降雨量为 37.3mm，6h 降雨量为 74.5mm，12h 降雨量为 142.4mm，24h 降雨量为 142.5mm，主雨历时约为 2h。1976 年 6 月 19 日大通县极乐公社小叶坝沟发生了暴雨，据调查结果，暴雨历时约为 30min，暴雨量为 225～294mm，雨区范围几平方公里。1977 年 8 月 1 日 2 时许，互助县曹家堡地区发生了较大暴雨，调查暴雨量为 200mm 以上，主雨历时为 1.5h，雨区范围几百平方公里。1988 年 8 月 8 日 20 时，乐都县雨润乡汉庄村至大地湾一带降暴雨，暴雨中心在下杏园村的青海化工机械厂附近，主雨历时为 45min，降雨量为 300mm，雨区范围为 24km^2。

2. 柴达木盆地

该地区很少降水，自有水文资料以来，称得上暴雨量级的仅 1971 年 7 月在盆地北边大柴旦发生的一次暴雨。另外，1987 年 6 月 21 日 17 时 25 分至 17 时 47 分在柴达木盆地东南面的香日德河上游降落一场纯冰雹，直径为 3～4cm。

3. 青南高原地区

1981 年 8 月下旬至 9 月上旬黄河上游地区普遍发生了连阴雨，总降雨量较历年偏多，特别是果洛地区较历年同期偏多 10～3.5 倍，大部分地区打破了有降雨记录以来的同期最大降雨量纪录。据统计，该地区各雨量站 8 月 30 日至 9 月 15 日均收集到了完整的降水资料，各站降雨量均在 100.0mm 以上，久治站竟达 176.4mm。

综上所述，从青海省已发生的暴雨来看，其强度大、历时短、笼罩面积小，据统计，75% 以上的 24h 降雨量约在 6h 以内降完，最大 1h 降雨量可占 24h 降雨量的 30%～60%；50mm 次雨量等值线的面积，绝大部分为 200～2000km^2；短历时暴雨强度大，如 1950 年 8 月 14—15 日巴州雨量站 12h 降雨量为 142.4mm，1976 年 6 月 19 日小叶坝暴雨，经前后 3 次组织有关单位人员调查，对露天放置的 4 个承雨器具反复进行测算，得出中心雨量为 225～294mm。暴雨主要发生在每年 6—9 月，尤以 7 月和 8 月最为集中，大暴雨发生时间一般在傍晚或夜间（每天的 20—24 时之间）。

这种暴雨时空分布特点，非常有助于山洪灾害的形成，并且，由于大暴雨发生时间一般在傍晚或夜间（每天的 20—24 时之间），大大增加了山洪灾害防御的难度。

3.3.1.4 防治区暴雨基本特征

利用地理信息系统软件，将暴雨图集中暴雨等值线图、年均水量 C_v 图等数字化，并与防治区对照，既便于后续设计暴雨计算相关暴雨参数的读取，也便于深化对防治区暴雨基本特征的认识。具体方法为将图集中最大 10min 和最大 1h 时段降雨均值线及 C_v 值等值线数字化，然后分别离散成 25m×25m（与 DEM 栅格大小相同）的栅格数据。根据离散后的栅格数据，得到每一个小流域形心点的最大 10min 和最大 1h 时段降雨均值及 C_v 值，取 C_s/C_v 为 3.5，计算出时段分别为 10min 和 1h 的不同重现期（2 年、5 年、20 年、50 年及 100 年）的降雨量。根据暴雨公式，由 1h 降雨量计算出各重现期时段为 30min 的降雨量。将以上计算出的流域形心点雨量，经面积折减后，得到流域面雨量，较小流域可以以点雨量代替面雨量。

小流域设计暴雨分析是为了得到典型频率设计洪水所需的暴雨量及其雨型分配。设计暴雨计算是无实测洪水资料记录情况下进行设计洪水计算的前提，也是确定预警临界雨量的重要环节，青海省小流域设计暴雨主要依据《青海省东部地区暴雨图集》（以下简称《图集》）等基础资料分析计算。

3.3.2　实测水文资料

通过收集青海省山洪灾害防治区水文站洪水要素摘录资料及其上游雨量站相应降雨摘录资料，检验小流域暴雨洪水计算方法的合理性，并对小流域水文分析模型进行率定分析。资料收集时间为新中国成立后至 2012 年，每年选择最大的一场洪水及其他场次 5 年一遇以上的较大洪水，资料系列不少于 30 年。按《基础水文数据库表结构及标识符标准》（SL 324—2005）洪水水文要素摘录表（HY_FDHEEX_B）、降水量摘录表（HY_PREX_B）的格式进行填表。

研究工作中收集 26 个县重点防治区内主要雨量站的实测降雨资料，对应发生的历史洪水事件的乡镇村整理得到对应有实测暴雨资料的乡镇村表格，并对暴雨资料中的降雨时段进行统计。水文气象实测资料共收集 54 个站点，总记录数 1202417 条，用以支撑对成果检验的要求。

3.3.2.1　暴雨历时

流域汇流时间是反映小流域产汇流特性最为重要的参数，可以作为小流域设计暴雨计算需要考虑的最长历时。确定流域汇流时间，应基于前期基础工作成果，选定初值，再结合流域暴雨特性与下垫面情况，基于试算结果，分析计算流域汇流时间。在青海省小流域设计暴雨分析中，各计算单元小流域汇流时间的计算采用了以下方法：

（1）流域汇流单位线峰现时间，即主要基于基础工作成果提供的小流域单位线信息，选定初值。

（2）推理公式反推汇流时间：

1）流域汇流参数（m）计算，与河床及坡面糙度、断面形状有关，无实测资料时，采用下述经验公式计算：

$$m = \frac{0.17}{\dfrac{0.4}{L}N_0^{0.6} + N^{\frac{3}{4}}} \tag{3.1}$$

式中：N_0 与 N 分别为山坡坡面和河槽的糙率，可由表 3.1 和表 3.2 查得。

当 N_0 与 N 不易确定时，也可应用表 3.3 来确定 m 值，并参考评价对象上游汇水区域植被情况选择公式计算 m 值。

表 3.1   山坡坡面糙率 N_0 值表

类别	山坡表面特征	$1/N_0$	N_0
1	平滑的，平坦的，压的很平的柏油	50	0.020
2	平坦稀疏的草地，小石铺面	30	0.033
3	浅草地，牧场，田地	20	0.050
4	有小丘的深草地，树林	10	0.100
5	有水沟的菜地，有荒草和小丘的沼泽地，茂密的灌林	7	0.143
6	交错的岩石山坡，苔藓	5	0.200
7	大森林，死树之堆积地	3	0.333

表 3.2   河槽的糙率 N 值表

类别	河槽特征	$1/N$	N
1	情况极为良好的天然河槽（清洁、顺直、无阻塞，水流畅通的土质河槽）	40.0	0.025
2	经常性水流的平原型河槽（主要是大、中河流），河床与水流情况均属良好；周期性水流（大的和小的），河床形态与表面情况非常良好	30.0～35.0	0.033
3	一般情况下比较清洁的经常情水流的平原性河槽，沿水流方向略有不规则的弯曲；或水流方向顺直而河床地型不平整（有浅滩、深潭、乱石）；情况相当良好的周期性水流的土质河槽（干沟）	25.0	0.040
4	河槽（大、中河流）相当阻塞，弯曲而局部生草、多乱石、水流不平静。周期性水流（暴雨及融雪）在洪水期挟带大量泥沙，河底为粗砾石或为植物被复（杂草等）。比较整齐，有一般数量植物被复（草、灌木丛）的大中河流的河滩	20.0	0.050
5	阻塞与弯曲严重的周期性水流的河槽。杂草较多，颇不平整的河滩（有深潭、灌木丛、树木、回流）；水面不平整的山区型卵石、砾石河槽	15.0	0.067
6	河道及河滩杂草丛生（水充缓弱）有大深潭；山区型的砾石河槽、水流汹涌有泡沫水面翻腾（水花飞溅）	12.5	0.080
7	河滩情况同上，但水流极不规则且有河湾等。山区瀑布型的河槽、河床弯曲并有巨大砾石，水面跌落明显，泡沫极多，致使水流失云透明而呈白色；水声喧腾，以致交谈困难	10.0	0.100
8	与前类特征大致相同的山区河流。沼泽型河流（有杂草、小丘，许多地点几乎是死水等）；有很大的死水地带和局部深潭（湖泊等）的河滩	7.5	0.133
9	挟带大量泥石的山洪型水流。林木密生的河滩（整片的原始森林）	5.0	0.200

表 3.3   汇流参数 m 值表

编号	流域情况	当河长为 1～40km 时的 m 值
1	山坡有深草地和森林或大部分开为梯田；河槽阻塞或弯曲的间歇性水道、滩地不平整（有灌木丛；树木、回流、带田埂的滩田等）；河床有山丘型卵石，砾石河槽	0.7～1.2
2	山坡多开垦为田地，间歇性水道（暴雨），在洪水时挟带大量泥沙并有滩地，滩地上多为耕田或杂草，河床为粗砾石或为植物所被覆（杂草等）	0.9～1.6
3	山坡上为光山或浅草地，牧场，部分田地，间歇性或永久性水道，河槽形状与表面情况良好，多为泥质河床，滩地较小或无滩地的峡谷河床	1.2～2.0

2）不同历时降雨强度 R_t/t 计算，自最大时段净雨开始，向前后相邻时段连续累加得到不同时段的累计雨量，除以相应的历时，得到不同历时降雨强度 R_t/t。

3）不同历时降雨强度 R_t/t 与历时 t 关系分析，点绘不同历时降雨强度 R_t/t 与历时 t 的关系曲线，得到二者关系图 R_t/t-t。

4）洪峰流量（Q_m）及汇流时间（τ）计算，采用试算法或者图解法求解 Q_m 及 τ：

（a）试算法求解 Q_m 及 τ 主要步骤如下：

a）设历时 t 初值为 t_1，查第 3）步计算所得成果 R_t/t-t 关系图，得历时 t_1 雨强 $(R_t/t)_1$；

b）采用此雨强 (R_t/t_1)，代替公式 $Q_m=0.278F(R_t/t)$ 中的雨强 (R_t/t)，计算得到洪峰流量（Q_{m1}）；

c）采用上述计算的洪峰流量（Q_{m1}），代替公式 $\tau=\dfrac{0.278L}{mJ^{\frac{1}{3}}Q^{\frac{1}{4}}}$ 中的洪峰流量 Q 计算得到相应的汇流时间 τ_1；

d）检查 t_1 与 τ_1 是否相等。若 $t_1=\tau_1$，则 $Q_m=Q_{m1}$，$\tau=\tau_1$，得到洪峰流量 Q_m 及汇流时间 τ，计算终止；若 $t_1\neq\tau_1$，则 $t_2\neq\tau_1$，查第 3）步计算所得成果 R_t/t-t 关系图，得历时 t_2 雨强 (R_t/t_2)，以此雨强重新开始 b）、c）步骤的计算；以此类推，计算至第 i 步，得若 $t_i=\tau_i$，则 $Q_m=Q_{mi}$，$\tau=\tau_i$，得到洪峰流量（Q_m）及汇流时间（τ），计算终止。

（b）图解法求解 Q_m 及 τ 的主要步骤如下：

根据面积大小，设不同的一组降雨历时时间数 t，用以上试算法计算相应的 Q_m 及 τ 值，在方格坐标纸上点绘和两组曲线，两线交点所对应的纵横坐标，即为所求的 Q_m 及 τ 值。

（3）坡面汇流时间＋沟道汇流时间，具体算法简介如下：

流域汇流时间是指雨水从流域最远点流至流域出口所需的时间。根据流域不同区域对水流的不同阻力特性，可将最长汇流路径划分为三段：坡面、支渠、河道。流域汇流时间等于水流流经各段所需时间之和，即

$$t_c=t_{坡面}+t_{支渠}+t_{河道} \tag{3.2}$$

水流流经各段的时间可采用式（3.3）～式（3.7）计算。

坡面：

$$t_{坡面}=\frac{0.07(NL_{坡面})^{\frac{4}{5}}}{(P_2)^{\frac{1}{2}}S_{坡面}^{\frac{2}{5}}} \tag{3.3}$$

式中：N 为坡面糙率，取值可参考表 3.4 所示。

支渠内水流的流速可采用下式估计：

$$V=\begin{cases}16.1345\sqrt{S} & 未衬砌 \\ 20.3282\sqrt{S} & 衬砌\end{cases} \tag{3.4}$$

式中：S 为坡度。

$$t_{支渠}=L_{支渠}/V \tag{3.5}$$

表 3.4　　　　　　　　　　　　　　坡　面　糙　率

地　表　状　况		N
光滑地面（混凝土、砂砾石或光秃地面）		0.011
闲置耕地（无残留农作物）		0.05
农耕地	残留农作物覆盖度≤20％	0.06
	残留农作物覆盖度≥20％	0.17
草地	矮草	0.15
	中等茂密草地	0.24
	茂密草地	0.41
	牧场	0.13
树木	林下灌木较少	0.4
	林下灌木茂密	0.8

河道流速估算方法：

河道内的流速可采用曼宁公式计算：

$$V = \frac{CR^{\frac{2}{3}}S^{\frac{1}{2}}}{n} \tag{3.6}$$

式中：C 为转换系数；R 为水力半径；S 为河道坡降；n 为曼宁系数。

$$t_{河道} = \frac{L_{河道}}{V} \tag{3.7}$$

上述 3 种方法中，第一种较为简洁，第二种传统分析中经常采用，第三种参数较多，估计起来烦琐一些，对精度有一定影响。

根据以上 3 种方法，对沿河村落所在小流域的汇流时间进行了计算和分析。同时，考虑青海省的以下特点：①大部分地区属干旱、半干旱地区；②一般成峰暴雨，大多为中小尺度天气系统所造成，历时短，强度大，雨强随历时和面积的增长而递减；③产流历时短，一般为 0.5～1.0h，最长也只有 2～3h。

3.3.2.2　暴雨统计参数

暴雨统计参数主要描述暴雨统计特征时空分布特点与规律，是计算设计暴雨和设计洪水最重要的基本数据。大多数小流域地区无实测水文气象资料，根据《图集》查算暴雨统计参数。

1. 资料处理原则

通过对青海省主要雨量站的暴雨资料进行了详细分析，各时段的点设计暴雨量采用年最大值选样，暴雨统计参数按矩法计算，并对一些资料做以下处理：

（1）对短系列资料，选用邻近具有长系列（18～25 年）、且系列中包括经过考证认为 50～100 年内的大暴雨洪水年份的暴雨资料进行对比，如发现偏丰或偏枯等情况，则用均值比进行适当修正。

（2）对于无实测大暴雨资料的站，不采用移入邻近站值加以改正的办法，而采用地区综合的方法确定有关参数。

（3）对于个别缺测暴雨量的站，在相关关系较好的条件下，利用本站相邻时段或邻近测站的暴雨资料进行插补。

（4）经验频率采用数学期望公式 $P=\dfrac{m}{n+1}\times100\%$ 计算；对少数系列不连续的资料，当观测起止 n 年内的老大值已在实测 n' 年内测到时，采用下列经验公式进行经验频率的计算。

$$P=\left[\frac{1}{n+1}+\frac{n-1}{(n'-1)(n+1)}(m-1)\right]\times100\% \tag{3.8}$$

式中：n 为观测起止年数；n' 为实测观测资料年数；m 为由大致小顺序排列的项数。

2. 点暴雨量适线原则

（1）均值尽量不变，采用皮尔逊Ⅲ型曲线，青海湖、唐古拉山、果洛玉树等三区采用 $C_s=5.0C_v$，其他地区一律用 $C_s=3.5C_v$，重点调整 C_v 值进行适线。

（2）频率曲线应尽量通过点群中心，适当照顾上方点距。

（3）系列前几项均不大时，适当考虑其偏小因素适线。

3. 青海省点暴雨参数分布规律

各历时点暴雨均值由东（南）向西（北）递减，均值最大值均发生在湟水区；各历时 C_v 值由东（南）向西（北）递增，C_v 值最大在柴达木盆地，最小在青南高原。

4. 青海省暴雨统计算数查算方法

青海省点雨量均值及暴雨统计参数均依据《图集》中相关等值线图，查算得到各防治区流域中心 10min、1h、3h、6h、24h、汇流时间（τ）等时段的设计暴雨统计参数，即点雨量均值、变差系数 C_v、C_s/C_v 等暴雨统计参数。

对于年最大 3h 的点雨量均值及设计暴雨统计参数根据《图集》中公式计算，公式如下：

$$H_{3p}=H_{6p}\times2^{(n_2-1)} \tag{3.9}$$

式中：H_{3p}、H_{6p} 为年最大 3h、6h 的点雨量均值；n_2 为暴雨强度递减指数，采用《图集》中的地区综合值。

C_s/C_v 值的选取，青海湖、唐古拉山、果洛玉树等三区采用 $C_s=5.0C_v$，其他地区一律选用 $C_s=3.5C_v$，以此计算的小流域设计暴雨量成果。

3.3.2.3　设计暴雨量计算

青海省防治区设计面暴雨分析主要计算 5 年一遇、10 年一遇、20 年一遇、50 年一遇、100 年一遇这 5 种频率设计暴雨。

根据《图集》，采用面积加权或算数平均法统计分析了 1h、3h、6h、12h、24h 等时段的面雨量，并对统计分析出的平均面雨量按年最大值法选样，用矩法计算统计参数，采用 P-Ⅲ曲线进行目估适线，随后计算各流域各历时各频率的点面折算系数，公式如下：

$$\eta_p=\frac{H_{tp}}{H_{0p}} \tag{3.10}$$

式中：H_{tp} 为面雨量；H_{0p} 为点雨量；p 为某一频率。

面雨量分析结果表明，暴雨点面折算系数有随重现期增大而减小的趋势，但变幅甚小。据此按 3 种重现期进行单站 η_p 值的综合，即：当 $N>1000$ 时，取 $N=10000$ 年的 η_p，当 $100 \leqslant N < 1000$ 时取 $N=100$ 年的 η_p，当 $N<100$ 时取 $N=10$ 年的 η_p。以 η_p 为纵坐标，以流域面积为横坐标，历时 $t=6h$、$12h$、$24h$ 为参数，点绘 $\eta_p - F - t$ 关系图，通过点群中心定线，进行全面综合。点面折算系数见表 3.5。

表 3.5   点面折算系数成果表

面积 /km²	系 数					
	100 年一遇			10 年一遇		
	6h	12h	24h	6h	12h	24h
30～50	0.99～0.94	0.99～0.95	0.99～0.96	0.99～0.94	0.99～0.95	0.99～0.97
60～100	0.93～0.89	0.94～0.91	0.95～0.93	0.93～0.9	0.94～0.92	0.96～0.94
110～150	0.88～0.85	0.91～0.89	0.93～0.91	0.89～0.86	0.91～0.89	0.94～0.92
160～200	0.84～0.81	0.88～0.86	0.91～0.89	0.85～0.82	0.88～0.86	0.92～0.9

《图集》中将 η_p 值与点、面雨量平均值的比值 $\overline{\eta}$、系列前三项点、面雨量比值的平均值 $\overline{\eta}_{max}$ 进行分析对比，发现趋势基本一致，而且 $\overline{\eta}$、$\overline{\eta}_{max}$ 与重现期较小的 η_p 相接近。说明分析出的折算系数较为合理。

根据《图集》中面平均雨量计算面积，对于集水面积小于 $30km^2$ 的防治区，不进行点面折算，其点雨量即为面雨量；对于集水面积不小于 $30km^2$ 的防治区，按《图集》中率定的点面折算系数进行点面折算。

防治区内各小流域设计暴雨量由前述的点雨量均值及统计参数，并按《图集》中率定的点面折算系数，由以下两个计算公式求得设计暴雨量：

$$H_{tp} = H_{24p} \times 24^{n_3-1} \times 6^{n_3-n_1} \times t^{n_2-n_3} \quad (0.5h < t < 6h) \tag{3.11}$$

$$H_{tp} = H_{24p} \times 24^{n_3-1} \times t^{1-n_3} \qquad (6h \leqslant t < 24h) \tag{3.12}$$

采用 $C_s/C_v = 3.5$ 或 5.0，计算小流域设计暴雨量。

3.3.2.4　设计暴雨时程分配

设计雨型即设计暴雨的降水过程，是由暴雨推求设计洪水不可缺少的一个重要环节。在《图集》中，按不同区域的暴雨特性及下垫面产汇流条件，将青海省划分为脑山区与浅山脑山区，并通过暴雨量历时频率的分析，概化出不同区域（脑山区、浅山脑山区）的设计暴雨时程分配模型，概化出的设计雨型，基本代表本区暴雨平均分配情况。

本次计算按照《图集》中青海省东部地区设计暴雨时程分配成果以及根据防治区所处的区域位置分别采用《图集》中脑山区 1h、3h 主雨峰对齐的设计雨型推求设计暴雨过程。

《图集》中的青海省东部地区设计暴雨时程分配成果，见表 3.6 和表 3.7。

表 3.6　　　　　　　　设计面雨量 24h 时程分配过程表（脑山区 1h 主雨峰对齐）

时间/h	1	2	3	4	5	6	7	8	9	10
H_1/%				100						
H_6-H_1/%		16.5	22.6		21.8	21.6	17.5			
$H_{24}-H_6$/%	16.4							19.9	14.4	8.6

时间/h	11	12	13	14	15	16	17	18	19~24	合计
H_1/%										100
H_6-H_1/%										100
$H_{24}-H_6$/%	9.1	6.9	6.4	5.7	6.1	1.8	2.5	2.2	0	100

表 3.7　　　　　　　　设计面雨量 24h 时程分配过程表（脑山区 3h 主雨峰对齐）

时间/h	1	2	3	4	5	6	7	8	9	10
H_1/%			30.5	48.0	21.5					
H_6-H_1/%		19.6				44.4	36.0			
$H_{24}-H_6$/%	16.4							14.4	9.1	19.9

时间/h	11	12	13	14	15	16	17	18	19~24	合计
H_1/%										100
H_6-H_1/%										100
$H_{24}-H_6$/%	8.6	6.9	6.0	5.6	2.5	2.3	6.5	1.8	0	100

3.3.2.5　设计净雨计算

产流是暴雨洪水过程中的一个重要而复杂的环节，根据《图集》，青海省大部分地区属干旱、半干旱地区，其暴雨洪水产流主要特点如下：

（1）一般成峰暴雨，大多为中小尺度天气系统所造成，历时短，强度大，雨强随历时和面积的增长而递减。

（2）产流历时短，一般为 0.5～1.0h，最长也只有 2～3h。

（3）由于暴雨时空分布不均匀，局部产流的现象比较普遍。

（4）一次降雨过程损失量很大，产流量很小。

（5）青海省大部分被黄土所覆盖，产流形式多为超渗产流，前期土壤含水量对产流的影响相对较小，雨强的影响相对较大。

根据《图集》，其通过实测雨洪资料，采用扣损法分析率定了青海省内不同气候条件下及下垫面条件的脑山区，浅山脑山区的雨损计算公式：

$$\mu = \mu_0 t_0^{-\alpha}\,\mathrm{tg}h\,\frac{Ht_0}{Dt_0} \tag{3.13}$$

并率定了相关计算参数：

脑山区 $\mu_0=40$，$\alpha=0.25$，$D=45$；

浅山脑山混合区 $\mu_0=37$，$\alpha=0.30$，$D=42$；

并利用试算法计算净雨量，试算法：根据面设计暴雨过程，假定 t_c（为雨型分配最小时段的整数倍），按雨损公式计算损失值，并用该值在设计暴雨时程分配柱状图上于主峰处进行平割，若所得 t_c 与假定 t_0 值相等，则雨损值与 t_c 即为所求，同时即可求得设计净雨过程。

3.4 小流域特征信息

小流域划分是山洪灾害基础数据的最主要内容之一，其核心技术路线是以青海省山丘区自然地形地貌特征为基础，划分山洪小流域，并建立流域拓扑关系、地表水系拓扑关系，在此基础上，提取小流域基础属性，建立一套完整的小流域下垫面特征参数，全面摸清青海省小流域下垫面的基础特征。

具体工作中，基于30.0m和0.5m分辨率的数字正射影像（DOM），结合基础地理信息数据、专题参考资料等，在青海山洪灾害防治区内的小流域内提取与坡面（河道）糙率、土壤下渗特性等相关的下垫面地貌特征分类图斑，分别形成基于30.0m和0.5m影像的小流域土地利用和植被类型数据，用于山洪灾害调查、分析、计算与评价。

利用分辨率2.5m的近期DOM影像数据，提取小流域坡面（河道）糙率、土壤下渗特性等相关的下垫面地貌特征分类图斑，包括植被分布（森林、灌木林、草地、裸土地等）、土地利用信息（水田、旱地、城镇居民地等）土壤类型（黏性土、壤土、砂土、岩石等）等信息，为分析小流域降雨径流关系，计算暴雨洪水量级提供基本参数。

3.4.1 几何特征

根据此次山洪灾害工作底图数据及小流域属性数据提取整理的成果知，青海省坡度小于2°的山丘区面积为53.93万 km^2，划分为小流域29634个，划分小流域平均面积18 km^2，其中面积在10～20 km^2 范围内的占44.83%，在20～30 km^2 范围内的占20.74%。小流域平均坡度为12°，在6°～25°范围内的占57.15%，在2°～6°范围内的占20.28%。划分河段20279个，平均河段长6km，平均河段比降为17.83‰，参见图3.4（见书后插图）、图3.5和表3.8。

由图3.5可见，青海省山洪灾害防治项目县的3个区中，坡度较大，绝大多数为2°～45°。

3.4.2 土壤质地

利用规范化处理的1∶50万或1∶100万比例尺土壤类型数据进行土壤质地划分。根据土属、类或者亚类信息，辅助数据分析能够获得的该土壤类型所处地貌部位、成土母质和岩性、遥感影像等信息确定其机械组成，再利用土壤质地三角图法（软件）进行土壤质地划分，并用土壤剖面数据对划分结果进行修正。

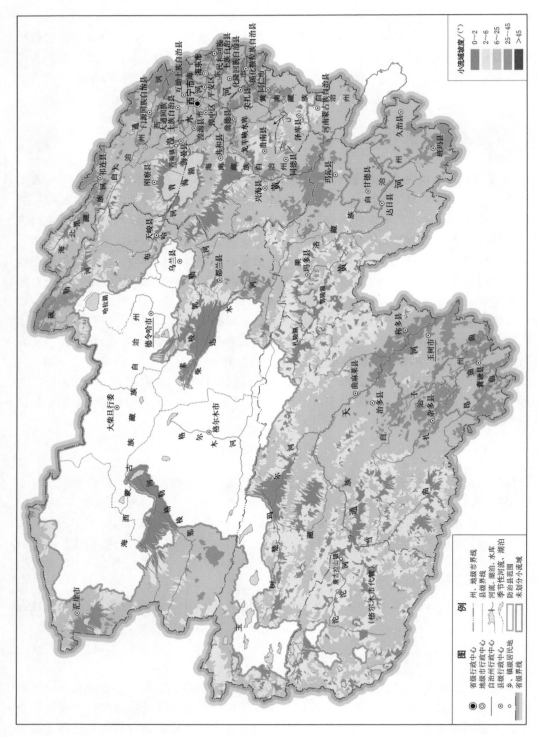

图 3.5 青海省山丘区小流域平均坡度

表 3.8　　　　　　　　　　青海省小流域流域及河段信息统计

序号	名　称	信息值	序号	名　称	信息值
一				流域信息	
1	小流域个数	29634	14	最小坡度/(°)	0
2	总面积/km²	539335	15	平均坡度/(°)	12
3	节点个数	16982	16	$S \leqslant 2°$	11.93%
4	最大面积/km²	50（青海湖湖流域：5634）	17	$2° < S \leqslant 6°$	20.28%
5	平均面积/km²	18	18	$6° < S \leqslant 25°$	57.15%
6	$A < 5km²$	14.71%	19	$25° < S \leqslant 45°$	10.63%
7	$5km² \leqslant A < 10km²$	7.70%	20	$45° < S$	0
8	$10km² \leqslant A < 20km²$	44.83%	21	最大海拔高程/m	6844
9	$20km² \leqslant A < 30km²$	20.74%	22	最低出口高程/m	1778
10	$30km² \leqslant A < 40km²$	6.70%	23	最大最长汇流路径长度/m	198440
11	$40km² \leqslant A < 50km²$	2.77%	24	最小最长汇流路径长度/m	50
12	$50km² \leqslant A$	2.54%	25	最大最长汇流路径比降/‰	574.3000
13	最大坡度/(°)	45	26	最大最长汇流路径比降1085/‰	606.3000
二				河段信息	
1	河段数/个	30379	4	最大河段比降/‰	340.4000
2	最大河段长/km	192	5	平均河段比降/‰	17.8290
3	平均河段长/km	6			

　　青海省海拔高，气温偏低，大多数地区降水少，土地发育程度低，多高山地、山旱地多、戈壁、沙漠、冰川、寒漠等土层薄、质地较粗的土地。青海省土壤质地共有 15 类（图 3.6），东部地区主要黏壤土，中部及西部地区为砂壤土及砂土，西南部部分地区为砂黏壤土。土质较好的地区主要分布于东部河湟地区、共和盆地和柴达木盆地。东部河湟地区的黄土区或红土区，土层深厚，土质较好。共和盆地和柴达木盆地，局部地区土层较厚，小面积有水源灌溉，土层较厚的土地质量较好。

　　由图 3.6 可见，青海省山洪灾害防治项目县的 3 个区中，Ⅰ区处于黄土区或红土区，主要为砂土、砂壤土、砂黏壤土，Ⅱ区主要为砂壤土、砂黏壤土，Ⅲ区主要为砂壤土、砂土。

3.4.3　土地利用

　　青海省地貌基本格局以祁连山（和阿尔金山）、昆仑山脉和唐古拉山脉为骨架，按地质构造和海拔高度划分成祁连山地、柴达木盆地和青南高原 3 个自然区域。植被呈现出由东南向西北方向的变化，东部和东南部为森林草原植被，向西北植被类型依次是草原、高山草甸、高山草原、荒漠，主要类型为草地，耕地主要分布在东部地区，见图 3.7。

　　由图 3.7 可见，青海省山洪灾害防治项目县的 3 个区中，Ⅰ区处于黄土区或红土区，

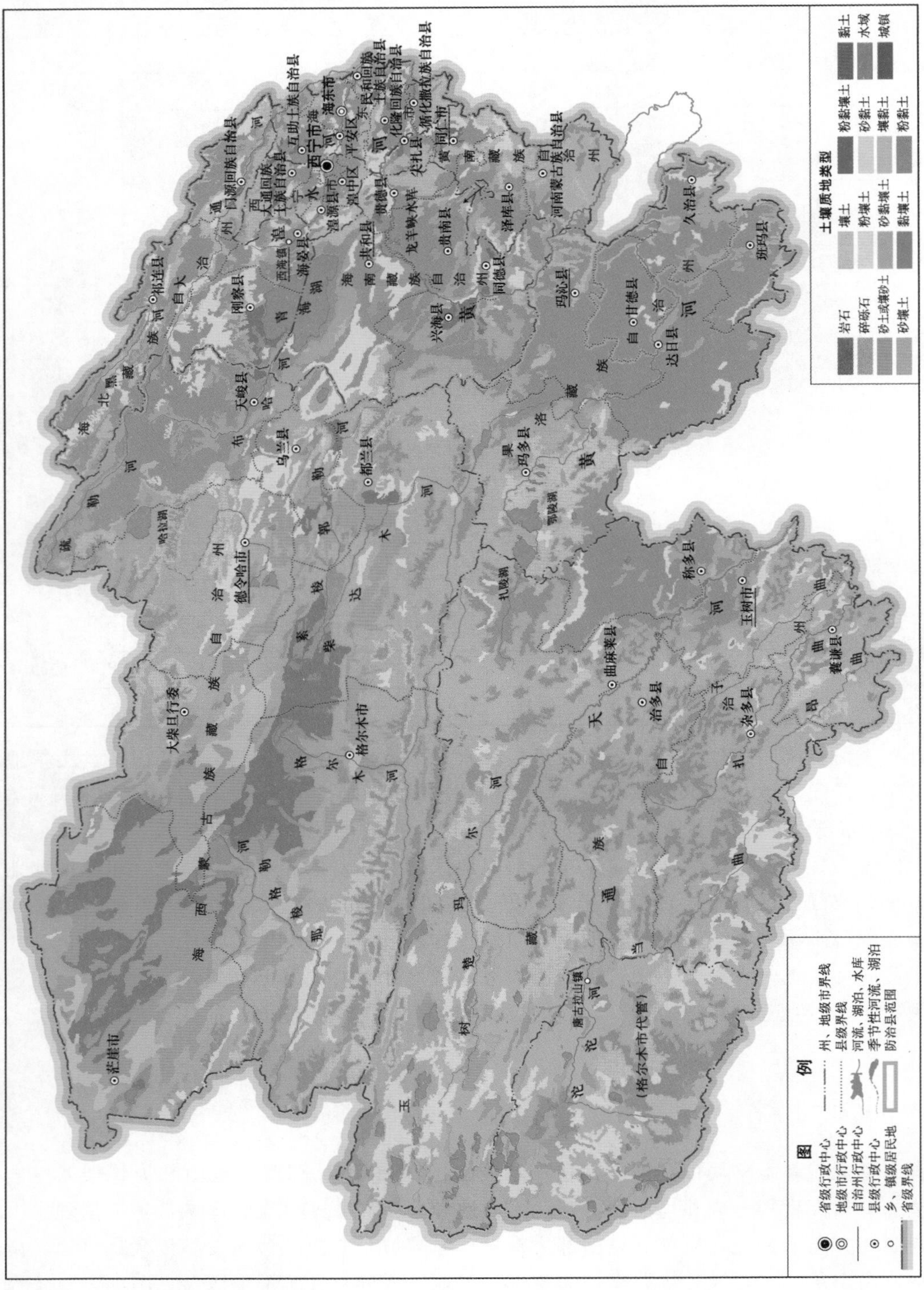

图 3.6 青海省土壤质地图

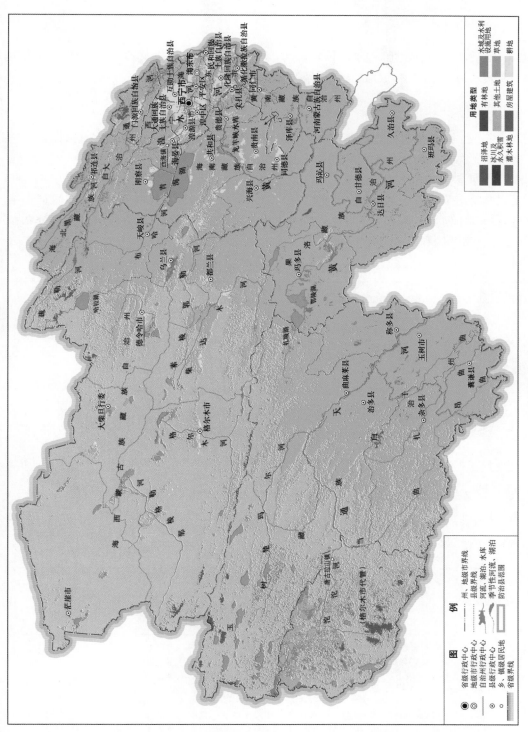

图 3.7 青海省土地利用图

主要为耕地，表明人类活动在这个区域比较活跃，Ⅱ区和Ⅲ区主要为草地。

3.4.4 水文地质

水文地质图主要反映地区的地下水分布、埋藏、形成、转化及其动态特征的地质图件，主要表示地下水类型、产状、性质及其储量分布状况等。

3.4.5 产流特征

本研究中，对青海省山丘区小流域产流特征的考虑有两种，一是依据现有《图集》进行粗略估算，二是采用地貌水文响应单元和产流机理进行分析。

3.4.5.1 《图集》对产流特征的考虑

表3.9给出了现有《图集》提供的青海全省水文分区情况，提供了各区产流特征。结合项目县的分布情况，由表3.9可见，青海省山洪灾害防治项目县的3个区，主要分布在第1~4区、第7区和第12区。

表3.9 青海省产流分区（据《青海省东部地区暴雨洪水图集》）

区号	分区名称	区内水文特性	区内水文站
1	湟水脑山区	为湟水各支流源头的山区，一般植被较好，降水量较多，有的年降水量达600mm以上，为青海省降水量最多的地区之一，径流补给以降水为主，另有部分地下水和冰川雪水，年径流系数多在0.4以上，较大洪水主要由降暴雨产生，涨落速度相对浅山地区为缓，水土流失不严重，河水中含沙量较小	石崖庄、西纳川、黑林、峡门、桥头、南门峡、八里桥（多包括少部分浅山区）
2	湟水浅脑山区	为湟水各支流中下段及湟水干流河谷以上的两岸（部分河谷除外）山区，多为光秃的土山，土壤以栗钙土及沙壤土为主，植被不良，流域蓄水能力很差，水土流失较为严重，各支流小沟多属季节性，汛期如遇雷雨即山洪暴发，河水陡涨陡落，且挟有大量泥沙，雨过河干，形成干沟。年降水量为300~500mm，主要集中在7—9月，因此径流的年内分配极不均匀，也主要集中在7—9月	董家庄、付家寨、小南川、吉家堡（均属脑山浅山混合区控制站）
3	湟水川水区	为湟水河谷及两岸各支沟中下段河谷地区，多已垦成水浇地，占湟水流域全部面积的比重很小，除水土流失比浅山区较轻外，其余情况基本同于浅山区	西宁、大峡、民和（属脑山、浅山、川水混合区控制站）
4	大通河区	依祁连山余脉-托赖山，河源地区多冰川雪山，中下游多为草原（有少量农田），植被良好，降水较多，年降水量在500mm以上，径流丰富，主要集中在6—9月，年径流系数在0.5左右	吴松他拉、尕大滩、亨堂、大梁
5	黄河源头区	本区位于巴颜喀拉山北麓，海拔4500m以上，四周为冰山雪岭，形成高原盆地，中央地势平坦，有众多湖泊和沼泽。土壤以高山草原土及盐渍土为主。水源补给主要是融冰雪水，降水径流关系不密切，径流年内分配因受湖泊调节，分配较为均匀，以8—10月为高	黄河沿
6	黄河沿-玛曲区	在积石山西南方向，地势西北高，东南低。干流两侧，沟壑众多，切割深度较大。夏季有季风进入境内，降水较多，年降水量在500mm以上，为青海省另一降水较多地区。土壤以高山草原土和石质土为主	—
7	黄河（唐乃亥上下）左岸区	海拔一般在3500m左右，河谷两岸有大片台地，草原、森林面积较广，年降水量300~400mm，径流年内分配的特点是汛后大于汛前，最大值出现在7月	曲什安、黄清

区号	分区名称	区 内 水 文 特 性	区 内 水 文 站
8	黄河（唐乃亥上下）右岸区	与第7区相望，地势东高西低，各支流多由东向西流入黄河。本区土壤以砂土或砂壤土为主，部分地区渗漏严重，径流系数较小（0.2左右），年内分配比较均匀	巴滩、拉曲
9	贵德-循化区	位于贵德-尖扎盆地，为现代冲积层，有丰富的潜水，降水量也比较丰富，年降水量300～400mm。盆地中央较低，气候干旱温暖，适用耕作。径流补给汛期以降水为主，平时有较丰富的地下水补给，径流年内分配汛前小于汛后，最高值出现在8月	同仁、隆务河口
10	长江源头区	本区北为昆仑山和可可西里山，南为唐古拉山，一般海拔在5000m左右，气候严寒；源头广泛分布多年冻结层。年降水量约300mm，河流补给主要是融冰雪水，径流大小与热量条件有较密切的关系，1—3月因气温低流水冻结，水量很小，年内分配最大值出现在8月	雁石坪、沱沱河、楚玛尔河
11	通天河区	西北有高山，区内受季风影响，降水较多，年降水量500mm左右，气候寒湿，植被较好，土壤以高山草原为主，径流丰富，径流系数较大，年内分配最大值出现在8月	玉树
12	澜沧江区	位于子当代拉山南，境内受印度洋季风影响，带来较多水汽，夏季降雨多，年较水量500mm以上，气候寒湿，植被较好，径流来源为雨、融雪混合补给。径流系数较大，年内分配最大值出现在7—8月	香达
13	青海湖北区	北有祁山，由北向东南倾斜，河源系雪山冰川，径流为混合补给，汛期主要是降雨；其他时期以地下水和冰雪水补给为主，年内分配接近于瘦高等腰三角形，最大值出现在7月	上唤仓、下唤仓、刚察、哈尔盖
14	湖滨区	为青海湖湖滨地区，地势平坦，气候寒湿，滨北土质为砂土或砂壤土，河流至此有渗漏现象，滨南河流短小，植被良好	布哈河口、黑马河
15	沙珠玉、茶卡区	位于共和茶卡盆地；地表由砂砾质洪积物组成，透水性良好，降水地面损失较大，径流系数很小，仅0.1左右。本区气候干燥，降水不多，径流来源主要为地下水补给，年内分配较为均匀	沙珠玉
16	盆地南区	本区同为昆仑山余脉-阿克坦齐钦山及布卡山，河流同南向北流入盆地，年降水量120～200mm，洪水主要由降雨、融雪水混合形成，各河一出山口均有严重的渗漏，大多数小沟为季节性河流	察汉乌苏、托索湖、千瓦鄂博、哈图、香日德、纳赤台、格尔木、诺木洪、大格勒
17	盆地西区	本区东向盆地，三面环山，水汽不易到达，降水稀少，年降水量仅几十毫米，河源系冰山雪岭，河水补多为融雪、冰水，径流年内分配与有密切关系，最大值出现在7—8月，各河出山口后亦有严重的渗漏现象	那棱格勒、阿达滩
18	盆地东北区	本区东有祁连山阻挡，每当夏季，略有西方气流越过较低的山谷到达境内，能引起少量降水，年降水量约100mm，比盆地西部稍大。径流补给中冰雪水所占比较大，其年内分配与热量条件表密切关系，流量在一日内常有日变化现象	泽林沟、德令哈、希里沟、查查香卡、小柴旦、马海
19	盆地中区	四周高山环抱，南有昆仑山，西北有阿尔金山，东北有祁连山，中央凹陷，水汽不易到达，气候较为干燥；降水量少，蒸发强烈，年降水量小于50mm，年蒸发量在3000mm左右，地表径流李为贫乏，区内有大片沙漠及沼泽地，土壤以砂土、盐土、沼泽土为主	宗家、戈壁、阿拉尔、乌图美仁

区号	分区名称	区内水文特性	区内水文站
20	无径流区	在柴达木盆地西部，为戈壁沙漠地带，气候十分干燥，风沙大，降水极少，年降水量只有十几毫米，蒸发量极为强烈，基本上不产生径流	—
21	祁连山区	本区位于海拔 5000m 以上的高原，区内山势起伏很大，坡度很陡，气候寒冷，区内广布冰川，径流主要是冰雪融水补给，各河由南向北流入甘肃省境内	扎马什克、黄芷寺
22	可可西里高原湖泊区	青海省最冷地区，境内到处是冰川雪山，广泛分布多年冻结层，河网不发达，高原湖泊众多	

注　"区内水文站"栏内所填水文站名下有横线者为已撤销站，一些资料系列较短且已撤销站未填列。

流域入渗特性是分析产流特性时的重要方面。根据《图集》，如用 μ 代表稳定入渗率，其值代表产流历时内，地面平均入渗力，除与流域土壤透水性能、地貌、植被等条件有关外，还受暴雨量的大小、暴雨历时的长短与时程分配以及前期雨量等因素的影响。不同土壤的 μ 值见表 3.10。当流域上有较多的耕地时，流域平均 μ 值用式（3.14）计算：

$$\mu = \frac{f_1\mu_1 + f_2\mu_2}{f} \tag{3.14}$$

式中：μ_1 为荒地上平均稳定入渗率，mm/h；μ_2 为耕地上平均稳定入渗率，mm/h；f_1 为荒地所占的面积，km^2；f_2 为耕地所占的面积，km^2；f 为流域总面积，km^2。

表 3.10　　　　　　　　　　　不同土壤的损失参数 μ 值表

类型	土　壤　名　称	土壤含砂率/%	μ/(mm/h)
1	地沥青，混凝土，无裂缝的岩石，藓苔土地，冰沼土，沼泽土，沼泽性的灰化土	0～2	0
2	黏土，龟裂土，盐土与碱土，龟裂盐土，肥黏土质土壤，山地草甸土，海滨盆地土壤，岩基上薄层土地，草原土壤	2～12	7.2
3	灰化土，壤土质土壤及黏土质土壤，灰色森林土，淋溶并变质的黑钙土，河谷阶地上的黑钙土，深厚肥沃的黑钙土，灰化沙土，黏土质灰钙土，黏土质黑土，黏土壤质壤土	12～33	12.0
4	普通黑钙土，淡栗钙土，棕色壤土，灰钙土，灰化砂土，砂壤质黑钙土，沙质黑钙土，砂壤质及沙质灰钙土，生草的沙	33～63	15.0
5	砂质壤土，棕色土壤，轻灰化土	63～83	21.0
6	沙	<83	30.0

结合表 3.9 和表 3.10 可见，分区 1"湟水脑山区"，植被较好，降水量较多，有的年降水量达 600mm 以上，为青海省降水量最多的地区之一，较大洪水主要由降暴雨产生，涨落速度相对浅山地区为缓；分区 2"湟水浅山区"，多为光秃的土山，土壤以栗钙土及沙壤土为主，植被不良，流域蓄水能力很差，水土流失较为严重，各支流小沟多属季节性，汛期如遇雷雨即山洪暴发，河水陡涨陡落，且挟有大量泥沙，雨过河干，形成干沟；分区 3"湟水川水区"，除水土流失比浅山区较轻外，其余情况基本同于浅山区；分区 4"大通河区"，中下游多为草原（有少量农田），植被良好，降水较多，年降水量在 500mm

以上，径流丰富；分区 7"黄河（唐乃亥上下）左岸区"，河谷两岸有大片台地，草原、森林面积较广，年降水量 300～400mm，径流年内分配的特点是汛后大于汛前，分区 12"澜沧江区"，夏季降雨多，年较水量 500mm 以上，气候寒湿，植被较好，径流来源为雨、融雪混合补给。由此推导，在山洪灾害防治区中，青海省分区 2、分区 3 是稳定入渗率较高的地区，分区 1 居中，分区 4、分区 7、分区 12 较低。

3.4.5.2　地貌水文响应单元对产流特征的考虑

地貌水文响应单元划分方法的详细介绍具体见 4.3.1 节。

3.4.6　汇流特征

小流域山洪特性，取决于降雨特性和流域特性两个方面，在降雨特性一定的情况下，主要取决于下流域本身的特性。小流域特征主要包括流域大小、形状、地形地貌以及土壤植被等，见表 3.8。流域汇流单位线是流域大小、形状、地形地貌以及土壤植被等综合作用的结果。利用汇流单位线，间接反映小流域的山洪特性。

本研究中，由于是基于大批量小流域单位的估算，且是缺少流量记录资料的小流域地区，故采用了直接基于流域地形地貌及植被特征的单位线计算方法，该方法的理论基础为流域中水质点汇流时间的概率密度分布函数等价于单位线。计算方法的基本思路为：首先分析计算小流域中各栅格内径流滞留时间，其次根据汇流路径得到每一点的径流到达小流域出口的汇流时间，最后计算汇流时间的概率密度分布及单位线。

坡地上水流的速度，除与地形坡度大小有关外，同时还与水量有关，参照曼宁公式，采用下面考虑坡度和雨强影响的流速计算公式计算水流在流域上某处的速度 V：

$$V = K\sqrt{S}\,i^n \tag{3.15}$$

式中：V 为水流速度，m/s；S 为流域上某处沿着水流方向的坡度；K 为流速系数，m/s，是反映土地利用特征对流速摩阻影响的主要经验参数；i 为反应净雨强度大小的无量纲因子。

为了与 SCS 所用坡面流速计算公式 $V = K\sqrt{S}$ 中的 K 值一致，式（3.15）中的 i 为无量纲的因子。坡面流速与净雨强度有关，SCS 利用式 $V = K\sqrt{S}$ 及推荐 K 值计算出的是中等净雨强度对应的流速值，相对于较大的净雨强度，计算值偏小，相对于较小的净雨强度，计算值偏大。式（3.15）中 i 的取值满足中等净雨强度时为 1，较大净雨强度时大于 1，较小净雨强度时小于 1。i 取为净雨强度与一个固定基准雨量（取中等雨强）的比值。

小流域中的任意一点，都有一条固定的到达其出口的汇流路径。在 DEM 中，某一格网内的径流沿坡度最大方向流向其周围相邻的栅格，按照该方法可以得到该栅格内的径流向出口汇集的路径。根据栅格的尺寸及栅格中的水流速度，可由式（3.16）计算出每一栅格中径流的滞留时间：

$$\Delta\tau = L/V \text{ 或 } \Delta\tau = \sqrt{2}\,L/V \tag{3.16}$$

式中：$\Delta\tau$ 为栅格内径流时间；L 为网格的边长。

沿着汇流路径，由式（3.17）可以计算出各栅格到达流域出口的汇流时间：

$$\tau = \sum_{i=1}^{m} \Delta\tau_i \tag{3.17}$$

式中：τ 为某一栅格到达小流域出口的汇流时间；m 为径流路径上网格的数量。

小流域单位线成果主要包括小流域不同时段（10min、30min、60min）和不同重现期（2 年、5 年、20 年、50 年、100 年）降雨量为净雨量对应的单位线数据以及各单位线对应的时段雨量、洪峰模数、流域汇流时间，每个小流域合计提取 15 条单位线（见图 3.8 和表 3.11）。

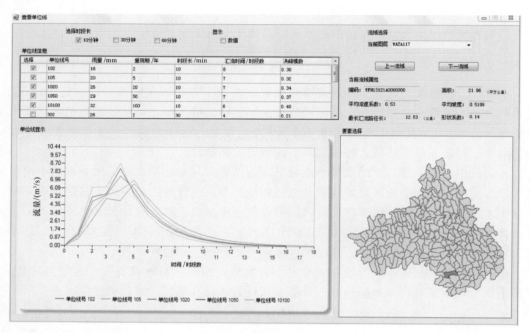

图 3.8　小流域单位线

表 3.11　　　　　　　　　　　　　　　　　小流域单位线基本属性

序号	符号	说　　明	单位	有效小数位	备注
1	A	小流域面积	km²	2	
2	P	小流域周长	km	2	
3	H_a	小流域形心高程	m	2	
4	H_d	小流域出口高程	m	2	
5	M_h	小流域最高高程	m	2	
6	S	小流域流域坡度		4	
7	L	小流域最长汇流路径长度	m	0	
8	S_l	小流域最长汇流路径比降	‰	2	
9	S_{l1}	小流域最长汇流路径比降（10%～85%）	‰	2	
10	C	小流域形状系数		2	
11	L_r	河段长度	m		

续表

序号	符号	说 明	单位	有效小数位	备注
12	S_r	河段比降	‰	2	
13	Q_m	单位线洪峰模数	m³/(s·km²)	3	
14	H_p	小流域汇流时间	h	2	由时段数换算
15	D_{rp}	降雨量	mm	0	

青海省 29634 个小流域共提取 533412 条单位线。图 3.9 为青海省小流域单位线洪峰模数图。

3.4.7 设计洪水特征

根据《水利水电工程洪水计算规范》(SL 44—2006) 规定，对于无资料地区，设计洪水的计算主要采用地区经验公式法、洪峰流量模数法、地区综合法、瞬时单位线法及推理公式法等。推理公式法适用于小流域设计洪水计算，《图集》资料条件较好，对于无资料地区小流域设计洪水的计算精度上有一定保证，在实际运用中多次得到验证。

推理公示法的主要概化条件有两个：一是假定很多由暴雨形成洪水的环节全流域一致；二是假定汇流面积的增长为直线变化，即 $\frac{F_{t0}}{t_0} = \frac{F_\tau}{\tau}$ 公式的基本形式为

$$Q_m = 0.278\psi \frac{S}{\tau^n} F \tag{3.18}$$

当 $\tau \leq t_c$ 时，洪峰流量 Q_m 系由全部流域面积上 τ 时段内的最大净雨所形成，即全面汇流情况，计算 Q_m 值公式为

$$Q_m = 0.278 \frac{R_\tau}{\tau} F \tag{3.19}$$

当 $\tau > t_c$ 时，洪峰流量 Q_m 由部分流域面积上 t_0 时段内的全部净雨所形成，即部分汇流情况，计算公式为

$$Q_m = 0.278 \frac{R_{tc}}{\tau} F \tag{3.20}$$

以上各式中，

$$\tau = \frac{0.278L}{v_\tau} \tag{3.21}$$

$$v_\tau = mJ^{\frac{1}{3}}Q_m^{\frac{1}{4}} \tag{3.22}$$

式中：Q_m 为洪峰流量，m³/s；τ 为流域汇流时间，h；R_τ、R_{tc} 分别为 τ、t_c 时间内的净雨，mm；L 为流域出口断面起沿主河道至分水岭的全流长，km；J 为沿流程 L 的平均纵比降；F、F_{t0} 分别为表示全面汇流和部分汇流的汇流面积，km²；v 为沿流程 L 的平均汇流速度，m/s；m 为经验性汇流参数；0.278 为单位换算系数。

由以上公式可知，推理公式法计算最大洪峰流量 Q_m 需要确定 7 个参数即流域几何特征参数 F、L、J，暴雨参数 S_p、n，损失参数 μ 和汇流参数 m。

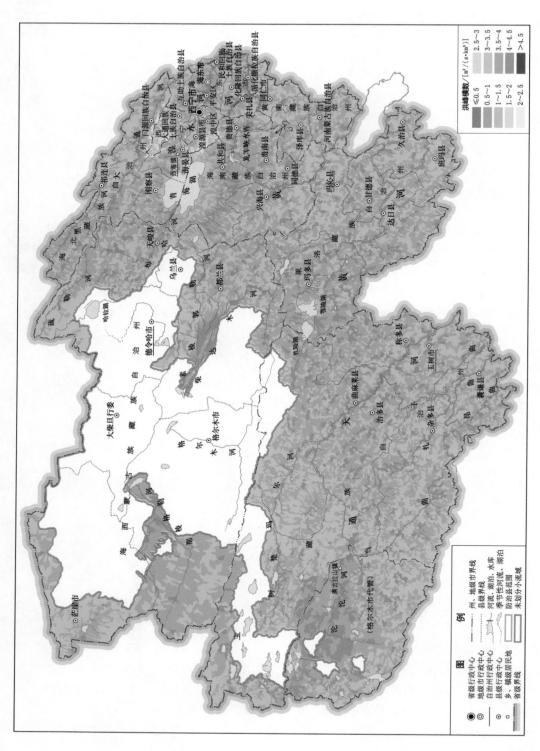

图 3.9 青海省小流域单位线洪峰模数

（1）汇流参数 m 见 3.3.2.1 暴雨历时中的介绍。

（2）最大流量计算：

当 $\tau \leqslant t_0$ 时，为全面汇流。可根据 $Q_m = 0.278\psi \dfrac{S}{\tau^n} F$ 和 $m = \dfrac{0.278L}{\tau J^{\frac{1}{3}} Q^{\frac{1}{4}}}$，采用数学近似公式转换：

$$Q_m = \frac{0.278\psi S_p F}{\tau^n} \tag{3.23}$$

$$\tau = \frac{0.278L}{m J^{\frac{1}{3}} Q_m^{\frac{1}{4}}} \tag{3.24}$$

由以上两式经过整理可得全面汇流情况下 Q_m 的简化计算公式：

$$Q_m = \left\{ \left[0.278^{1-n} S_p \left(\frac{m}{\theta} \right)^n \right]^{\frac{4}{4-n}} - \frac{4 \times 0.278\mu}{4-n} \right\} F \tag{3.25}$$

式中：S_p 为雨力，相当于 1h 最大降雨量，mm。

如果采用暴雨公式概化雨型，则采用 $S_p = H_p t^{n-1}$ 计算，若采用典型概化雨型，则取设计降雨过程中的时段最大值（$\Delta t = 1$h）。

θ 值可根据设计流域几何特征值 F、L、J 用式 $\theta = \dfrac{L}{F^{\frac{1}{4}} J^{\frac{1}{3}}}$ 计算。

Q_m 计算出后，用式 $m = \dfrac{0.278L}{\tau J^{\frac{1}{3}} Q^{\frac{1}{4}}}$ 反算 τ 值，以检验 τ 值是否小于或等于 t_c 值，否则改用部分汇流情况计算 Q_m 值。

部分汇流情况计算公式为

$$Q_m = \left[\frac{F J^{\frac{1}{3}}}{L} m R_{tc} \right]^{\frac{4}{3}} \tag{3.26}$$

表 3.12 和图 3.10 给出了青海省防治区内以分析评价村落为小流域出口的集雨面积内洪峰模数的分布情况。由表 3.12 可见，小流域洪峰模数一般较大，少数流域达到了 10 以上，极个别的接近 20。

表 3.12　　　　　　　　青海省防治区内小流域洪峰模数分布情况

洪峰模数分级	小流域个数	洪峰模数分级	小流域个数
>20	0	5~10	14
15~20	1	<5	1072
10~15	2		

表 3.13、图 3.11（见书后插图）给出了青海省防治区内小流域汇流时间的分布情况。

表 3.13　　　　　　　　青海省防治区内小流域汇流时间分布情况

汇流时间/h	小流域个数	汇流时间/h	小流域个数
<1	574	3~6	653
1~3	1860	>6	104

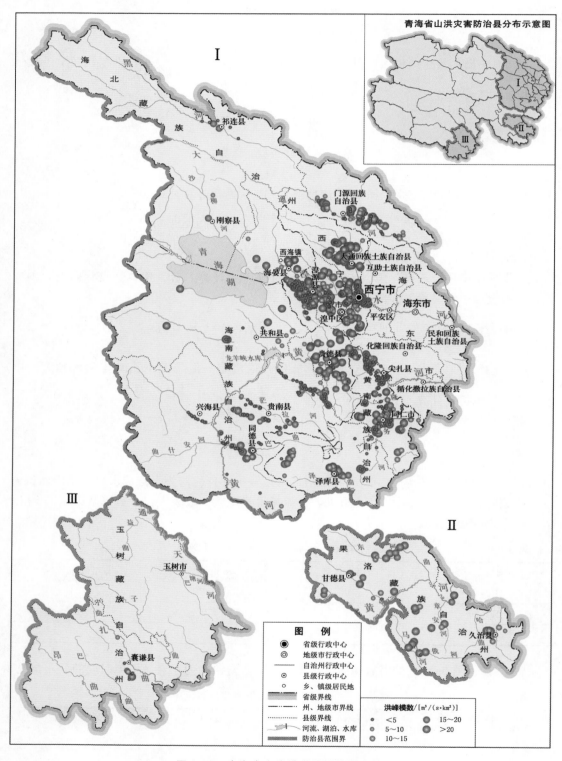

图 3.10　青海省小流域洪峰模数分布图

3.5　防治区基础信息

　　山丘区小流域降雨、下垫面条件是诱发山洪的重要条件。从山洪灾害致灾因素分析，人类是山洪灾害的承灾体，因此研究山洪灾害防御工作必须要考虑人类活动因素。

　　青海省通过开展山洪灾害调查评价工作，摸清了各级危险区村落、城集镇、企事业单位的空间分布，防御对象的范围、分布情况，人员及沿河村落分布，以及现状防洪能力情况，全面掌握了全省山洪灾害的潜势危害程度、水文气象数据、小流域下垫面特征数据，形成了完整的青海省山洪灾害全要素数据体系。

3.5.1　防治区及防御对象分布

　　防御对象是山洪灾害社会经济属性中的核心数据，主要包括青海省26个山洪灾害防治县行政区的基本情况、全省防治区的基本情况、危险区分布，以及沿河错落和企事业单位分布等。在内业工作的基础上，通过开展现场调查，获取县（市、区、旗）、乡（镇、街道办事处）、行政村（居民委员会）、自然村（村民小组）和山洪灾害防治区内的企事业单位（包括受山洪灾害威胁的工矿企业、学校、医院、景区等）的基本情况和位置分布，包括居民区范围、人口、户数、住房数等，初步确定山洪灾害危害程度和防御对象的分布情况。

3.5.1.1　防治区分布

　　青海省防治区涉及2个市、5个自治州、26个防治县，乡镇291个，行政村3519个，自然村8703个。青海省地势自西向东倾斜，地貌以山地为主，兼有平地和丘陵。全省山丘区面积152832km²，主要分布在东部、南部地区，西北部为高寒为无人区。通过调查确定防治区面积55641km²，约占山丘区面积的37%，主要分布在东部地区，以及囊谦县、玉树县等部分南部地区，其中重点防治区面积14560km²，约占防治区面积的25%，见图3.12。

3.5.1.2　危险区及防治村落分布

　　本研究调查确定受山洪威胁行政村1418个，自然村2185个，其中一般防治行政村1024个，重点防治行政村394个；一般防治自然村930个，重点防治自然村1255个。划定危险区1348处，占受山洪威胁自然村数比例0.62，其中，危险区标绘数1309处，转移路线标绘数1725条，安置点标绘数1674处。危险区及防治村落在湟中县、湟源县、门源县、贵德县、化隆县、平安县等地分布较为密集，是青海省山洪灾害防御的重点区域，见图3.13。

3.5.1.3　企事业单位

　　本研究共调查企事业单位232个，主要分布在大通县、湟源县、湟中县等地。

3.5.2　沿河村落现状防洪能力信息

　　防洪现状评价成果是山洪灾害基础数据中十分重要的内容。通过分析沿河村落等防灾对象的现状防洪能力，进行山洪灾害危险区等级划分以及各级危险区人口及房屋统计分

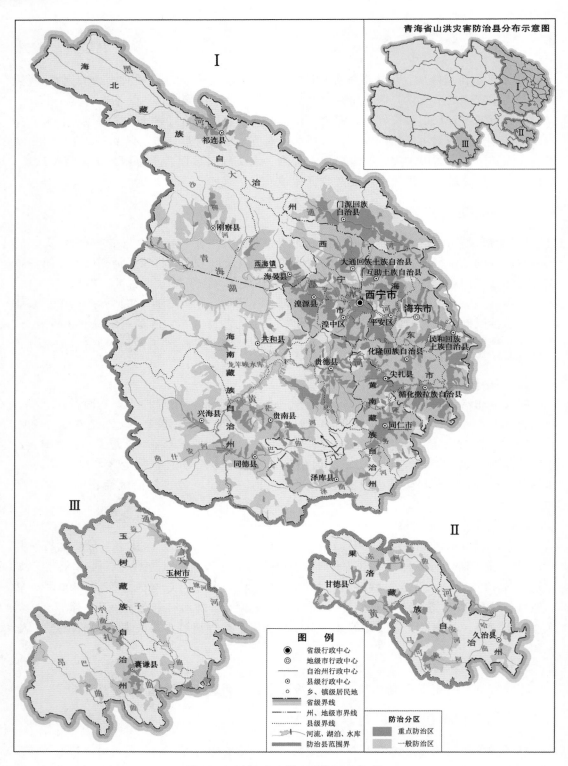

图 3.12 青海省山洪灾害防治区分布

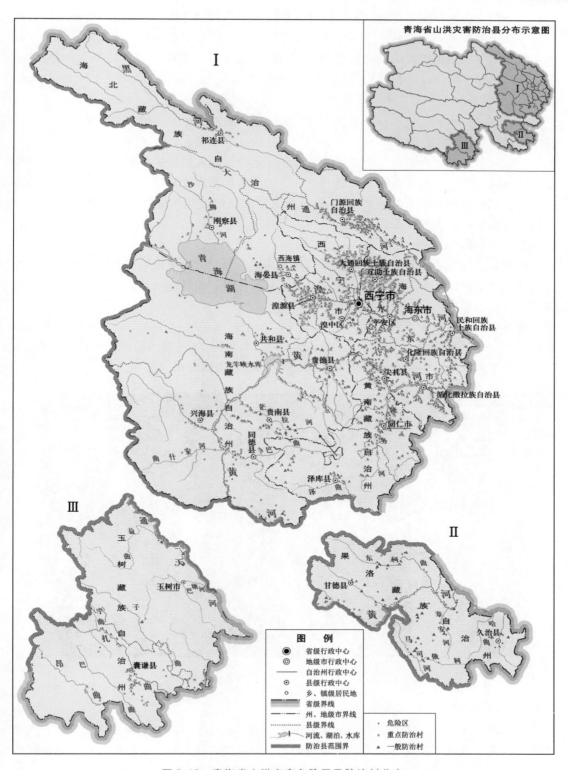

图 3.13　青海省山洪灾害危险区及防治村分布

析，为山洪灾害防御预案编制、人员转移、临时安置等提供支撑。其主要内容是分析沿河村落等防灾对象成灾水位对应洪峰流量的频率，并根据需要辅助分析沿河道路、桥涵、沿河房屋地基等特征水位对应洪峰流量的频率，统计确定成灾水位（其他特征水位）、各频率设计洪水位下的累计人口和房屋数，综合评价现状防洪能力。

3.5.2.1 居民高程分布及成灾水位确定

居民高程分布和成灾水位是山洪灾害基础数据中重要的位置高程信息，采用连续运行基准站系统（CORS）或 GPS 配合全站仪方法进行快速测量。

通过测量危险区内所有居民住房位置和基础高程，获取居民沿高程分布情况，用于分析评价不同洪水（暴雨）级别下的影响人口。成灾水位指居民聚居区内发生山洪灾害的最低水位（以河道控制断面处的水位表示），当实际水位超过此水位时就会成灾，是计算沿河村落现状防洪能力的核心基础。

3.5.2.2 河道断面测量数据

控制断面测量成果反映了河道断面形态和特征，通过对影响重要城集镇、沿河村落安全的河道测量控制断面，满足小流域暴雨洪水分析计算、防洪现状评价、危险区划定和预警指标分析的要求。

青海省山洪灾害断面测量工作采用 GPS 实施动态测量法，在每个沿河村落测量 1 个纵断面和 2～3 个横断面（见图 3.14 和图 3.15），共测得 1370 组河道断面。测量过程中，如有多条支流汇入，每条支流加测 1 个纵断面和 2～3 个横断面（图 3.16）。

图 3.14　青海省沟道断面布置图示例

3.5.2.3 沿河村落现状防洪能力

现状防洪能力以成灾水位对应流量的频率表示，成灾水位由现场调查测量确定。采用水位流量关系或曼宁公式等方法，求出成灾水位对应的洪峰流量，进而根据频率分析法或者插值法等方法，确定该流量对应的洪水频率，即得到现状防洪能力评价的核心信息

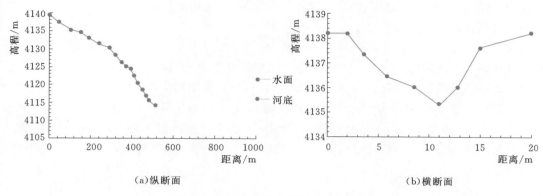

图 3.15　青海省沟道断面成果图示例

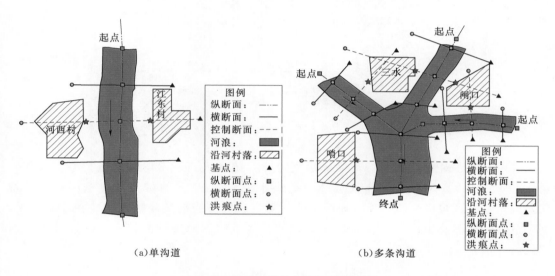

图 3.16　沿河村落控制断面位置选择

之一。

　　通过山洪灾害调查评价工作，青海省共评价了 1351 个沿河村落的现状防洪能力，占受山洪威胁自然村数的比例为 62%。位于东部的门源县、大通县、互助县、湟源县、湟中县、乐都县、化隆县的现状防洪能力大部分地区为 5～10 年一遇，部分地区甚至为 5 年一遇以下，防洪能力十分薄弱，是全省山洪防御的重中之重（见表 3.14）。

表 3.14　　　　　　　　青海省防治区内评价沿河村落现状防洪能力分布情况

现状防洪能力	5 年一遇以下	5～10 年一遇	10～20 年一遇	20～50 年一遇	50～100 年一遇	100 年一遇以上	合计
评价成果村数	275	81	61	80	32	822	1351

3.5.2.4　危险区人口分布

　　危险区范围为最高历史洪水位和 100 年一遇设计洪水位中的较高水位淹没范围以内的居民区。进一步将危险区等级划分标准，洪水频率 5 年一遇以下为极高危险区，5 年一遇及以上、20 年一遇以下属高危险区，20 年一遇及以上至历史最高（或 PMF，本次以 100 年一遇水位计）洪水位属危险区。

进一步，根据沿河村落各频率水位成果，按调查的沿河村落人口、房屋高程的沿河分布，统计各水位区间内的人口、房屋数量，得到各级危险区的人员分布情况。

以刚察县果洛藏贡麻村村为例（图 3.17），其现状防洪能力为 6 年，即成灾水位（最低房基高程）的洪水频率为 6 年一遇，极高危险区（小于 5 年一遇）的人口、房屋数为零。高危险区、危险区的人口、房屋数根据沿河村落各频率水位成果按调查的沿河村落人口、房屋高程的沿河分布统计求得。

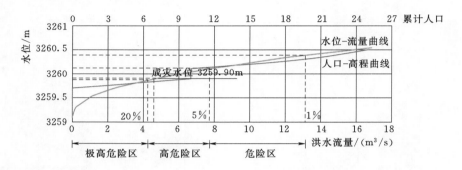

图 3.17　果洛藏贡麻村防洪现状评价图

采用频率法对危险区进行危险等级划分，并统计人口、房屋等信息。根据 5 年一遇、20 年一遇、100 年一遇（或最高历史洪水位，或 PMF 的最大淹没范围）的洪水位，确定危险区等级，结合地形地貌情况，划定对应等级的危险区范围。在此基础上，基于危险区范围及山洪灾害调查数据，统计各级危险区对应的人口、房屋以及重要基础设施等信息。

3.5.3　现有监测预警设施信息

通过山洪灾害主动防御体系构建，青海省建成了 26 个县（市、区）的山洪灾害监测预警系统。通过优化监测站网布设，提高通信保障能力，共建设了自动监测站 1132 个，基本满足了山洪灾害降雨监测的需要。同时，在防治区所有集（镇）、行政村和自然村布设了预警报警设施设备，其中自动雨量站 620 个，自动水位站 93 个，无线预警广播站 2607 个，布设位置与防御对象较为吻合，基本做到了山洪灾害防御对象全覆盖，起到了有效的防御作用。

3.5.4　涉水工程信息

随着气候变化与人类活动的加剧，水土流失严重。为了提高水资源的利用率，缓解水资源紧张的问题，许多山丘区小流域兴建了大量小型水库、塘坝等蓄水工程。此外，防治区内影响居民区防洪安全的塘（堰）坝、路涵、桥梁等涉水建筑物。这些工程改变了山丘区小流域原有的产汇流规律，为水文模拟以及山洪灾害预报预警工作带来一定的难度。对于受到涉水工程影响的小流域，需要考虑涉水工程对流域水文循环过程的影响，才能保障预警预报的精准度。

青海省山洪灾害调查工作，共调查水库 130 座、水闸工作 133 座、堤防工程 108 处、桥梁工程 294 座、路涵工程 574 处、塘（堰）坝工程 23 处。

3.5.5　社会经济特征

3.5.5.1　青海省社会经济情况

2015 年，青海省国内生产总值（GDP）达到 2417.05 亿元，全省人均 GDP 为 41428.99 元，低于全国平均水平，从各地级市来看，西宁、海西蒙古族藏族自治州和海东 GDP 总量领先，分别为 1131.62 亿元、439.85 亿元和 384.40 亿元；从人均 GDP 来看，海西蒙古族藏族自治州、西宁和海北藏族自治州位列前三，海西蒙古族藏族自治州人均 GDP 为 87030.08 元，折合 13973.10 美元，西宁市人均 GDP 为 7931.51 美元，海北藏族自治州人均 GDP 为 5492.33 美元。玉树藏族自治州人均 GDP 最低，为 2444.46 美元。

3.5.5.2　居民财产分布

利用青海省统计部门《农村住户调查方案》和《城镇住户调查方案》2012 年度的抽样调查报表，以上述两个调查方案所抽取的家庭样本作为本次居民财产分类的样本，从中选取反映居民住户家庭财产的指标（包括主要生产性固定资产、耐用消费品，不包括住房和现金、存款），整理出能反映当地居民家庭财产拥有情况样本；根据青海省统计部门 2012 年商品指导价格，估算居民家庭财产样本的家庭财产总价值。按全省或按社会经济发展水平分区域，将典型户样本按家庭财产价值由高到低排序，按样本总数的 20%、50%、80% 比例划分为 4 类，以区分居民财产价值类型。

3.5.5.3　住房类型统计

将青海省 26 个防治县具有代表性的农户主要住房按结构形式、建筑类型和造价划分为 4 类。房屋分类主要考虑结构形式，然后考虑建筑类型和造价，以使住房分类能反映房屋对洪水的抵抗能力。

3.6　历史山洪灾害

山洪灾害多发生在降雨量、降雨强度大，河谷陡峭、风化侵蚀严重，人类活动负面影响严重的地区。通过收集整理历史山洪灾害事件，研究山洪灾害事件多发、频发区域，分析灾害事件发生的季节性规律，有利于把握山洪灾害防御重点区域。通过开展青海省山洪灾害调查工作，调查统计 26 个山洪灾害防治县历史山洪灾害情况，重点为新中国成立以来发生的山洪灾害，包括山洪灾害发生次数，发生时间、地点和范围，灾害损失情况。

3.6.1　基本情况

从历史资料分析，自 1695 年（清康熙三十四年）至 1949 年的 225 年中，青海境内的特大洪灾平均 30 年发生一次，较大洪灾每 10～15 年发生一次，普通的山洪灾害年年发生。

通过青海省山洪灾害调查工作，据不完全统计，共收集到 1902—2016 年期间 291 起山洪灾害事件，其中发生人员死亡、失踪的事件 40 起，造成 162 人死亡，120 人失踪，毁坏房屋 9363 座。

据不完全统计 1949—1999 年的 52 年中，发生了 9 次较为严重的洪灾（1959 年、1979 年、1989 年、1992 年、1994 年、1995 年、1997 年、1998 年、1999 年），其中 6 次发生在 20 世纪 90 年代，灾害损失严重。2000—2009 年期间，全省共发生山洪灾害近 800 次，累计毁坏农田 34.4 万亩，死亡 29 人，损失家畜 1.97 万头（只），倒塌房屋 0.3 万间，毁坏重要的基础设施 273 处。

近年来全球气候变暖造成极端天气事件明显增加，影响进一步增大，导致山洪地质灾害加剧，并且有逐年上升趋势，2010—2013 年青海省平均每年发生山洪灾害达 100 多次左右，灾害次数每年增加 15% 左右。尤其是 2010 年入汛以来，境内气候异常，暴雨、高温等极端天气交替发生，部分地区多次出现强降雨，都兰、同仁等地日降水量突破历史极值，山洪、泥石流等灾害频发，湟水河发生 100 年一遇洪水，省内部分中小河流也发生较大洪水。

如前所述，根据调查成果，据不完全统计，青海省在 1902—2016 年期间，共发生 291 起山洪灾害事件，其中发生人员死亡、失踪的事件 40 起，下面就此进行分析。

3.6.2 类型与等级

从灾害类型来看，发生 291 起山洪灾害事件中，溪沟洪水为青海省山洪灾害主要类型，共 258 起，约占统计事件的 89%，泥石流为 20 起，约占 7%，山体滑坡发生较少，共 12 起，约占 4%，见图 3.18。可见，青海省山洪灾害以暴雨溪河洪水为主，泥石流和滑坡大约占 10%。

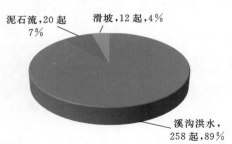

泥石流，20 起 7%　　滑坡，12 起，4%

溪沟洪水，258 起，89%

图 3.18　青海省山洪灾害类型分布

从灾害等级来看，发生 291 起山洪灾害事件中，有 40 起造成人员死亡失踪的山洪灾害事件中，特大型山洪灾害有 1 起，死亡 114 人，占总死亡人数的 41%；大型山洪灾害 6 起，死亡 90 人，占总死亡人数的 32%；中型山洪灾害 11 起，死亡 49 人，占总死亡人数的 17%；小型灾害 22 起，死亡 29 人，占总死亡人数的 10%。各种山洪灾害等级的空间分布及等级构成，见图 3.19。

3.6.3 空间分布

根据调查到的 291 起山洪灾害事件，青海省山洪灾害主要发生在东部地区，其中循化县发生 59 起，大通县、湟源县均发生 39 起，同仁县发生 23 起。这些地区位于青海省暴雨中心，地形坡度大，人员分布密，是青海省山洪灾害多发易发地区。大通县、湟中县、湟源县不仅灾害多发，灾害程度也较为严重，是大型、特大型灾害主要分布地区。图 3.20 和图 3.21 分别给出了山洪灾害事件在各县的数量及等级分布情况。

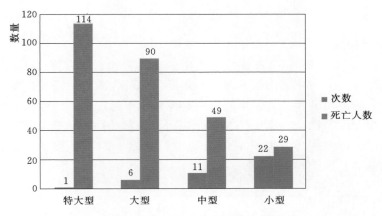

图 3.19　青海省山洪灾害事件等级构成

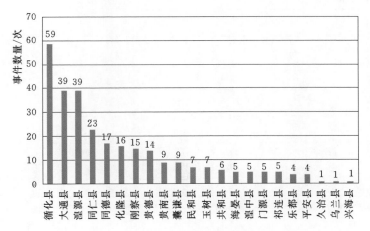

图 3.20　山洪灾害事件在各县的数量分布情况

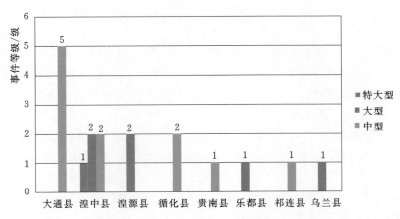

图 3.21　山洪灾害事件在各县的等级分布情况

3.6.4　时间分布

3.6.4.1　年际分布规律

1909—1949 年统计在内共 4 起灾害，其中造成人员死亡的灾害有 1 起，造成 114 人死亡。1950—2000 年，发生的山洪灾害共 125 起，有人员死亡失踪的灾害共 21 起，因灾死亡 103 人。2000—2016 年，共发生的山洪灾害共 164 起，有人员死亡失踪的灾害共 18 起，因灾死亡 65 人。图 3.22 给出了 2000 年以来青海省山洪灾害事件年度分布情况，从图中可以看出，2010 年是本项目开展的第 2 年，山洪灾害事件 42 次，达到了顶峰，此后，基本呈现稳定下降直至平衡态势。

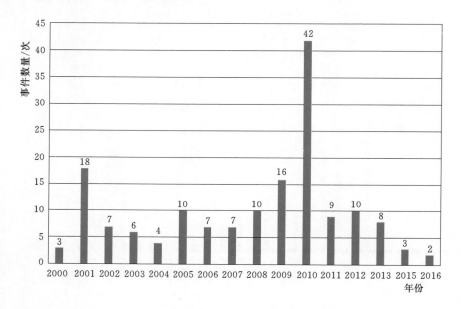

图 3.22　2000 年以来青海省有人员伤亡的山洪灾害事件年度分布

3.6.4.2　月际分布规律

除去 24 条月份不明确的灾害（其中造成人员死亡的灾害共 6 起，死亡 26 人），统计剩余 267 起山洪灾害发生的时间，其中 3 月发生 1 起山洪灾害，造成 1 人死亡失踪；4 月发生 3 起，无人员死亡失踪；5 月发生 11 起，其中造成人员死亡的灾害共 1 起，死亡 1 人；6 月发生 26 起，其中造成人员死亡的灾害共 2 起，死亡 9 人；7 月发生 96 起，其中造成人员死亡的灾害共 11 起，死亡 170 人；8 月发生 82 起，其中造成人员死亡的灾害共 17 起，死亡 55 人；9 月发生 48 起，其中造成人员死亡的灾害共 2 起，死亡 20 人，见图 3.23。

由图 3.23 可见，山洪灾害主要集中在 7 月和 8 月，需要重点加强防范。2 个月中，共发生 178 起，占所有灾害的 61%；死亡人数 225 人，占总死亡人数的 80%。7 月发生山洪灾害时间比较频繁，造成死亡、失踪较重，11 起造成人员伤亡的事故主要发生在 7 月中下旬。

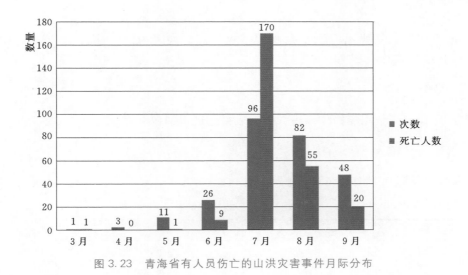

图 3.23　青海省有人员伤亡的山洪灾害事件月际分布

3.7　数据库建设

3.7.1　一般规定

数据库建设一般规定如下：

（1）数据库表结构的设计，遵循科学、实用、简洁和可扩展性的原则。

（2）充分考虑与现有水利行业数据库表结构标准的兼容性。

3.7.2　数据分类

山洪灾害调查评价数据包含有数据库表、空间数据图层、照片、文档资料等多种形式。

数据库表包括综合类表、现场调查成果类表、标绘（空间）成果类表、断面测量成果类表、水文气象资料类表、分析评价成果类表、审核汇集信息类表、统计报表类表和数据字典类表。

多媒体资料主要包括现场采集的照片以及其他格式的多媒体资料，以文件的方式进行存储，并在成果汇总类多媒体资料信息表中存储相关信息。具体的存储规则以县名称、多媒体类别、调查对象类型这几级目录加上多媒体文件名组成，存储规则如下：

$$\frac{\text{县编码与名称}}{\text{1级目录}} + \frac{\text{数据类型}}{\text{2级目录}} + \frac{\text{调查对象类别}}{\text{3级目录}} + \frac{\text{多媒体文件名}}{\text{文件名}}$$

1 级目录为县的前 6 位编码加上县中文名称。

2 级目录为数据类型，多媒体类别名称为"多媒体库"。

3 级目录为调查对象类别名称，比如"桥梁""塘（堰）坝""路涵"等。

多媒体文件名由多媒体文件编码加文件后缀组成，多媒体文件编码由调查对象编码加

2 位顺序号组成。

最终形成的多媒体存储示例为"410324 栾川县 \ 多媒体库 \ 桥梁 \ 410324106216000701.jpg"。

3.7.3 逻辑结构图

图 3.24 给出了数据支撑体系中数据库表格的逻辑结构。

3.7.4 成果数据及资料明细表

成果数据及资料明细见表 3.15。

表 3.15 成果数据及资料明细表

类 别	序号	内 容
综合类	1	行政区划名录
	2	企事业单位名录
	3	多媒体资料信息表
	4	文档资料汇总表
现场调查成果类	1	基本情况统计汇总表
	2	行政区划总体情况表
	3	社会经济情况表
	4	居民家庭财产分类对照表
	5	农村住房情况典型户样本表
	6	居民住房类型对照表
	7	防治区基本情况调查成果汇总表
	8	危险区基本情况调查成果汇总表
	9	防治区行政区与小流域关系对照表
	10	防治区企事业单位汇总表
	11	小流域名称和出口位置汇总表
	12	历史山洪灾害情况汇总表
	13	历史山洪灾害现场调查记录表
	14	重要沿河村落居民户调查成果表
	15	重要城（集）镇居民调查成果表
	16	需防洪治理山洪沟基本情况成果表
	17	自动监测站点汇总表
	18	无线预警广播站汇总表
	19	简易雨量站汇总表
	20	简易水位站汇总表
	21	防治区水库工程汇总表
	22	防治区水闸工程汇总表
	23	防治区堤防工程汇总表
	24	塘（堰）坝工程调查成果汇总表
	25	路涵工程调查成果汇总表
	26	桥梁工程调查成果汇总表

类　别	序号	内　　容
标绘（空间）成果类	1	行政区划图层
	2	居民居住地轮廓图层
	3	企事业单位图层
	4	危险区图层
	5	安置点图层
	6	转移路线图层
	7	历史山洪灾害图层
	8	需防洪治理山洪沟图层
	9	自动监测站图层
	10	无线预警广播站图层
	11	简易雨量站图层
	12	简易水位站图层
	13	塘（堰）坝工程图层
	14	路涵工程图层
	15	桥梁工程图层
	16	水库工程图层
	17	水闸工程图层
	18	堤防工程图层
	19	沿河村落居民户图层
	20	重要城集镇居民户图层
	21	沟道纵断面图层
	22	沟道横断面图层
	23	历史洪痕测量点图层
断面测量成果类	1	沟道纵断面成果表
	2	沟道纵断面测量点表
	3	沟道历史洪痕测量点表
	4	沟道横断面成果表
	5	沟道横断面测量点表
水文气象资料类	1	测站一览表
	2	降雨量摘录表
	3	洪水水文要素摘录表
	4	年流量表
	5	日降水量表
	6	日水面蒸发量表
	7	暴雨统计参数表
	8	洪峰流量统计参数表
分析评价成果类	1	分析评价名录表
	2	设计暴雨成果表
	3	小流域汇流时间设计暴雨时程分配表

续表

类　别	序号	内　　容
分析评价成果类	4	控制断面设计洪水成果表
	5	控制断面水位-流量-人口关系表
	6	防洪现状评价成果表
	7	临界雨量经验估计法成果表
	8	临界雨量降雨分析法成果表
	9	临界雨量模型分析法成果表
	10	预警指标时段雨量成果表
	11	预警指标综合雨量成果表
	12	预警指标水位成果表
	13	计算单元（小流域）信息表
	14	计算单元（防灾对象）计算信息表
数据字典类	1	表属性信息表
	2	字段属性信息表
	3	枚举代码与自然语言对照表
	4	文档类型信息表
	5	照片类型信息表
照片类型	1	自然村概貌照片
	2	企事业单位概貌照片
	3	塘（堰）坝、桥梁、路涵工程主体工程照片
	4	沿河村落居民住房照片
	5	重要集镇和城镇调查居民住宅楼房照片
	6	横断面照片
文档资料类型	1	××县山洪灾害调查准备阶段工作报告
	2	××市山洪灾害调查准备阶段工作完成情况报告
	3	××县山洪灾害调查内业调查阶段工作报告
	4	××市山洪灾害调查内业调查阶段工作完成情况报告
	5	断面测量成果报告
	6	××县山洪灾害调查外业调查阶段工作报告
	7	××市山洪灾害调查外业调查阶段工作完成情况报告
	8	××省（市、县）山洪灾害调查报告
	9	暴雨图集
	10	中小流域水文图集
	11	水文水资源手册
	12	水文气象资料收集整理工作报告
	13	历史洪水调查报告
	14	现场调查成果质量检查报告
	15	防洪现状评价图
	16	危险区划分示意图
	17	预警雨量临界线图
	18	分析评价报告（各县）
	19	分析评价总报告（全省）

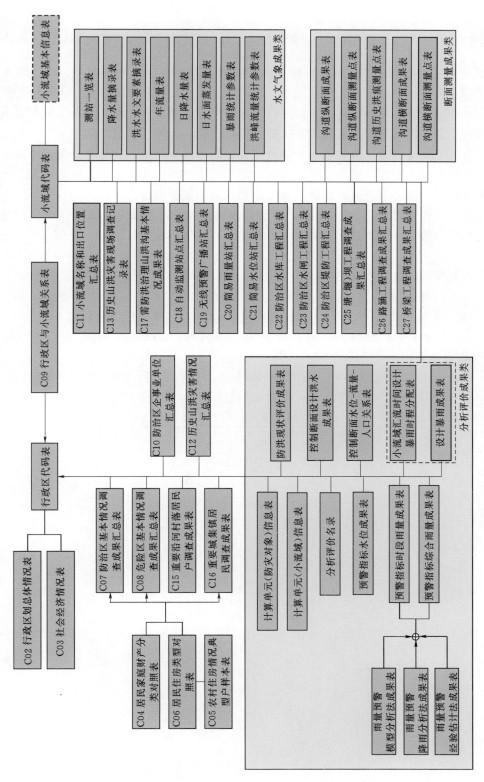

图 3.24 数据支撑体系中数据库表格的逻辑结构

3.8 本章小结

　　本章介绍了青海省山洪灾害防御的全要素数据支撑体系建设的情况，包括山洪灾害防御基础信息需求、数据获取关键技术与方法，以及在水文气象基础信息、小流域特征信息、防治区基础信息、历史山洪灾害信息以及数据库建设等各个方面，分析了青海省山洪灾害防御保护对象所在地区的暴雨洪水特征，摸清了防御保护对象的范围、分布，现状防洪能力，各级危险区村落、城集镇、企事业单位等的人口、数量及其分布，全面掌握全省山洪灾害的潜势危害程度，取得了系列原创性基础数据成果，建立了青海省山洪灾害防御的数据支撑体系，填补了青海省山洪灾害防汛业务基础数据的空白。

　　青海省调查评价数据总量达 84GB，包括行政区划名录、水文气象数据、现场调查数据以及分析评价数据。数据总记录数为 1384613 条，多媒体文件（照片）44976 张，文档报告 105 个。

　　（1）青海省调查评价成果包括 26 个县数据，其中乡镇 291 个，行政村 3519 个，自然村 8703 个。调查确定受山洪威胁行政村 1418 个，自然村 2185 个，其中一般防治行政村 1024 个，重点防治行政村 394 个；一般防治自然村 930 个，重点防治自然村 1255 个。

　　（2）山丘区面积 152832km^2，调查确定防治区面积 55641km^2，其中重点防治区面积 14560km^2。

　　（3）调查划定危险区 1348 处，占受山洪威胁自然村数比例 62%，其中，危险区标绘数 1309 处，转移路线标绘数 1725 条，安置点标绘数 1674 处。

　　（4）调查自动监测站 1132 个，自动雨量站 620 个，自动水位站 93 个，无线预警广播站 2607 个。

第4章

山洪灾害预警指标体系

　　根据研究大批量实施要求和资料基础及条件，本研究主要是根据设计状态（设定的典型短历时、流域土壤含水量）下的要求，进行静态预警指标分析计算，建立覆盖青海省全部山洪灾害防治区的雨量预警指标体系。同时，本研究也在流域地貌水文响应单元划分及土壤含水量动态变化等方面做了一些探索，以期后续条件成熟时采用降雨预报等动态雨量作为模型输入信息，可以实时分析模拟降雨径流过程，动态反推实际条件下的雨量预警指标，提高预警指标的准确性和实用性，实现山洪动态预警。

　　如前所述，水位预警指标基于临界水位分析得到，通常采用上下游洪水演进计算、上下游水位相关分析、成灾水位分析等方法进行分析。由于本次研究过程中，预警指标分析主要针对雨量预警进行，因此，本章主要介绍青海省雨量预警指标体系构建的方法、步骤与成果等情况。

4.1　山洪灾害预警判别方式及其信息需求

　　山洪灾害预警指标是预测山洪发生时空分布的、定性与定量相结合的衡量指数或参考值，包括雨量预警与水位预警两大类；预警指标分为准备转移指标和立即转移指标两级。雨量预警指标包括时段和雨量两个方面的信息。预警指标分析成果是山洪灾害预警的重要依据，《山洪灾害分析评价技术要求》规定：山洪灾害预警指标分析针对各个沿河村落、集镇和城镇等防灾对象进行；对于地理位置非常接近且所在河段河流地貌形态相似的多个防灾对象，可以使用相同的预警指标；预警指标包括雨量预警指标与水位预警指标两类，分为准备转移和立即转移两级；各地可以根据自身情况，基于气象预报或水文预报信息，增加一级警戒预警指标。

4.2　雨量预警指标分析方法

　　雨量预警通过分析不同预警时段的临界雨量得出。临界雨量指导致一个流域或区域发生山溪洪水可能致灾时，即达到成灾水位时，降雨达到或超过的最小量级和强度。降雨总量和雨强、土壤含水量以及下垫面特性是临界雨量分析的关键因素。临界雨量指标是面平均雨量，单站与多站情况下的雨量预警指标应按代表雨量的方法确定。

4.2.1　原理与步骤

4.2.1.1　方法原理

一般建立在自动监测站网和具有物理概念的流域水文模型基础上，全面考虑流域降雨、流域下垫面、土壤含水量三大关键要素，着重考虑流域降雨、土壤含水量的影响，采用以小流域或网格为计算单元的流域模型，计算时段划分精细，对流域山洪过程进行模拟，重点是对流域内各个沿河村落、集镇、城镇等防灾对象控制断面的洪水过程进行模拟，分析得到更为详细和可靠的雨量预警指标信息。

基于预警水位对应的流量，反推临界雨量的有关信息，即根据水位流量关系或者采用曼宁公式等水力学方法，将预警水位转化为相应的流量，根据暴雨洪水分析方法，用以反推相应的洪水和暴雨信息，进而获得临界雨量信息。

4.2.1.2　关键步骤

临界雨量推求关键步骤如下：

（1）根据沿河村落、集镇、城镇所在控制断面的成灾水位，运用水位流量关系或者曼宁公式等水力学方法，计算对应的流量。

（2）确定流域响应时间（t_p），即洪峰与雨峰的滞后时间；计算洪水过程，根据洪水过程线，确定预警雨量截止时间（t_q），并据此反推设计降雨或者实际场次降雨截止时的降雨过程。

（3）结合预警时段分析成果，得出各个预警时段的临界雨量。

（4）结合土壤含水量分析成果，分析各预警时段临界雨量的阈值。

（5）根据预警响应时间和洪水上涨速率，确定准备转移和立即转移预警指标。

（6）采用实际山洪灾害事件资料或灾害调查资料，或者基于暴雨图集、水文手册等基础性资料，进行验证、合理性分析，或者常识性分析，分析成果的科学性、合理性、实用性。

4.2.2　影响因素及其处理

4.2.2.1　降雨

如前所述，由于目前雨量预警指标主要为针对设计状态分析确定的，因而，降雨因素也是从短历时、强降雨的设计暴雨进行考虑的，具体情况如下。

降雨因素主要依据《图集》中"青海省年最大 24h 点雨量均值等值线图""青海省年最大 6h 点雨量均值等值线图""青海省年最大 1h 点雨量均值等值线图"和"青海省年最大 24h 点雨量 C_v 值等值线图""青海省年最大 6h 点雨量 C_v 值等值线图""青海省年最大 1h 点雨量 C_v 值等值线图"及相关设计暴雨计算方法及计算参数为依据进行分析计算。

设计暴雨计算内容主要分为：设计暴雨参数计算、设计暴雨量计算以及设计暴雨时程分配计算共3项内容。具体见3.3.2节。

根据预警指标的分析要求，应根据防灾对象所在地区暴雨特性、流域面积大小、平均比降、形状系数、下垫面情况等因素，确定比汇流时间小的短历时预警时段，如30min、1h、3h等，一般选取2～3个典型预警时段。青海省属于干旱半干旱地区，由于暴雨强度大以及超渗产流突出等特性，最小预警时段可选为30min。因此，涉及不同于标准历时的时段雨量计算。分析中，采用《图集》中提供的下述方法进行。

短历时设计暴雨推求公式：

$$i = \frac{S}{t^n} \tag{4.1}$$

$$S = A + B^t gN \tag{4.2}$$

$$H = it = St^{1-n} \tag{4.3}$$

式中：i 为重现期为 N 时设计暴雨历时为 t 的平均降雨强度，mm/h；t 为降雨历时，h；S 为重现期为 N 时的雨力，mm；A、B、n 分别为暴雨参数；H 为重现期为 N、历时为 t 的设计暴雨量，mm。

（1）由西宁等14站5min、10min、20min、30min、45min、60min的暴雨资料和西宁等23站1.5h、2.0h、3.0h、6.0h、12.0h、24.0h暴雨资料，计算并于双对数纸上点绘 $i\text{-}N\text{-}t$ 关系图，求得暴雨递减指数 n，结果 $i\text{-}t$ 线于60min处分为斜度不同的两条直线，<1时的 n 值小于>1时的 n 值。综合后，青海省东西部地区的 n 值如表4.1所示。

表4.1　　　　　　　　　　青海省东西部地区暴雨指数 n 值

地区		东部		西部		备　　注
时段/h		<1	>1	<1	>1	
n 值	本次综合结果	0.58	0.73	—	—	此结果为各地区各站 n 值的平均值
	地理所等单位分析结果	0.60	0.75	0.65	0.78	

根据1～24h暴雨资料分析的 n 值，点绘等值线图（见《图集》图5.28）。利用92站不同重现期年最大24h暴雨量 H_p 和《图集》图5.28查读的 n 值，代入式 $S_P = (24)^{n-1}H_p$，即可求得不同重现期的雨力 S_P，于双对数纸上点绘 $S_P\text{-}N$ 关系，求出 A、B 值，绘制 A、B 等值线图（见《图集》中的图5.29和图5.30）。

（2）如欲求某定指定频率、指定历时的设计暴雨量，则可由《图集》图5.28、图5.29、图5.30查出相应的 n、A、B 值，代入式（4.1）、式（4.2）、式（4.3），即可求得。

4.2.2.2　流域下垫面

根据《山洪灾害调查工作底图制作要求》《山洪灾害调查评价小流域划分及基础属性提取技术要求》等文件，工作底图由全国山洪灾害项目组提供。根据工作底图，可得到各小流域划分情况及小流域属性数据，包括流域面积、主河长、主河道比降及标准化单位线等。在此工作底图基础上，按照《山洪灾害分析评价技术要求》（以下简称《技术要求》）进行山洪灾害分析评价。

分析流域下垫面情况的目的是为了分析在暴雨径流过程中的产流问题，具体见3.3.2.5节。

4.2.2.3　土壤含水量

流域土壤含水量对流域产流有重要影响，是雨量预警的重要基础信息，主要用于净雨分析计算时考虑，并进而用于分析临界雨量阈值。

《山洪灾害分析评价技术要求》中有以下规定：

（1）计算土壤含水量时，可直接采用水文部门的现有成果；若资料高度缺乏，可以采用前期降雨对流域土壤含水量进行估算，推荐采用逐日递减法和流域最大蓄水量估算法两种方法对前期雨量进行计算；若资料充分且技术条件具备，也可以运用新安江模型、陕北模型、大伙房模型等流域水文模型，扣除径流量，分析流域土壤含水量。逐日递减法适用于山洪发生实例样本较丰富（不小于10）的情况，具体工作中将样本值按从大到小排序，以样本20%、50%、80%的3个临界值对前期降雨很多、中等、很少3种情况的前期降雨进行界定，代表流域土壤较干、一般以及较湿3种情况。流域最大蓄水量估算法是应根据各流域实际情况确定流域最大蓄水量 M_m 。

（2）流域水文模型通常情况下是计算流域径流的，采用此类模型分析土壤含水量时应注意反向运用，即计算土壤中存留的水量，按时间逐时段计算。

（3）考虑土壤含水量是为了计算临界雨量时的雨量扣损。扣损包括初损和稳定下渗两部分。初损应当基于对小流域防灾对象上游水塘、堰坝、洼地等涉水对象容量以及植被截流量进行充分分析的基础上进行。此外，初损期间的土壤下渗应当基于当地的稳定下渗率分析资料，参考流域土壤较干、一般以及较湿3种情况进行考虑，分别取较大于、大于和略等于稳定下渗率进行扣损，为雨量预警指标分析提供支撑。初损应从暴雨开始逐时段扣除，直至扣除的雨量累积和等于初损值为止。扣损后的净雨时程分配成果，不宜使雨型主雨峰分配状况产生严重改变。如果扣除初损涉及主雨峰段，应把待扣部分适当分配到主雨峰段的1~2个或2~3个时段内予以扣除，以保证雨型不发生严重改变。初损扣完后，采用稳定下渗率逐时段进行扣损。

在青海省的实际工作中，由于大部分地区为黄土区，产流形式多为超渗产流，前期土壤含水量对产流影响相对较小，且考虑土壤含水量是为了计算临界雨量时的雨量扣损（以产流历时内的平均损失率 μ 为主要指标）；根据《图集》，经对本地区大量雨洪资料的分析，绝大部分场次扣除初损和不扣除初损所求得的 μ 值都很接近，故预警指标分析计算中暂未考虑土壤含水量的影响。

4.2.2.4　预警时段

预警时段是指雨量预警指标中采用的最典型的降雨历时，是雨量预警指标的重要组成部分。受防灾对象上游集雨面积大小、降雨强度、流域形状及其地形地貌、植被、土壤含水量等因素的影响，预警时段会发生变化。

预警时段确定原则和方法如下：

（1）最长时段确定：流域汇流时间是非常重要预警时段，也是预警指标的最长时段。

（2）典型时段确定：应根据防灾对象所在地区暴雨特性、流域面积大小、平均比降、形状系数、下垫面情况等因素，确定比汇流时间小的短历时预警时段，如 30min、1h、3h等。一般选取 2～3 个典型预警时段，由于暴雨强度大以及超渗产流突出等特性，最小预警时段可选为应当确定到 30min。

（3）综合确定：充分参考前期基础工作成果的流域单位线信息，结合流域暴雨、下垫面特性以及历史山洪情况，综合分析沿河村落、集镇、城镇等防灾对象所处河段的河谷形态、洪水上涨速率、转移时间及其影响人口等因素后，确定各防灾对象的各个典型预警时段，从最小预警时段直至流域汇流时间。

4.2.2.5 综合因素

1. 代表雨量确定

雨量预警指标是面平均雨量。实际预警中，应先将与流域相关的雨量站雨量数据处理为流域的代表雨量，再将代表雨量与雨量预警指标比较，然后决定是否预警与预警等级。

流域代表雨量处理有以下两种典型情况：

（1）流域内或流域周边与流域关系密切的自动雨量站有多个，这些站点同时提供流域雨量信息。这种情况下，宜通过等雨量线法、泰森多边形法、算术平均值法、反向距离插值法、克里金插值法等方法，将多站雨量数据处理为流域的代表雨量。

（2）只有或者只选择一个雨量站为流域提供代表雨量信息。这种情况下，宜将位于流域中心或者代表性位置的单个雨量站的资料，直接或者适当修正后，作为流域降雨的代表雨量。

2. 局部地形地貌

沿河村落、集镇和城镇等防灾对象因所在河段的河谷形态不同，洪水上涨与淹没速度会有很大差别，这些特性对山洪灾害预警、转移响应时间、危险区危险等级划分等都有一定影响。考虑防治对象所处河段河谷形态、洪水上涨速率、预警响应时间和站点位置等因素，在临界雨量的基础上综合确定准备转移和立即转移的预警指标；并利用该预警指标进行暴雨洪水复核校正，以避免与成灾水位及相应的暴雨洪水频率差异过大。

3. 已建水利工程影响

对于已建有水库、堤防等工程措施，调查成果表明，这些工程主要分布在主要干流上，由于本次山洪灾害分析评价范围是小于 $200km^2$ 的山洪沟，绝大部分是小于 $50km^2$ 的山洪沟，因此预警指标分析计算时不考虑现有工程措施的影响。

4.2.3 预警指标确定分析

根据《山洪灾害分析评价技术要求》，预警指标确定分析方法的基本分析思路如下：根据成灾水位，采用比降面积法、曼宁公式或水位流量关系等方法，推算出成灾水位对应的流量值，再根据设计暴雨洪水计算方法和典型暴雨时程分布，反算设计洪水洪峰达到该流量值时，各个预警时段设计暴雨的雨量。

雨量预警指标可以通过经验估计法、降雨分析法以及模型分析法 3 类方法分析得到，各种方法的基本流程分为确定预警时段、分析流域土壤含水量、计算临界雨量、综合确定预警指标 4 个步骤。

在确定成灾水位、预警时段以及土壤含水量的基础上，考虑流域土壤较干、一般以及较湿等情况，选用经验估计、降雨分析以及模型分析等方法，计算沿河村落、集镇、城镇等防灾对象的临界雨量。

由于本次防治区内均属无资料地区，根据《水利水电工程洪水计算规范》（SL 44—2006）规定，对于无资料地区，设计洪水的计算主要采用地区经验公式法、洪峰模数法、地区综合法、瞬时单位线法及推理公式法等。

（1）经验公式法：利用《图集》中"年最大流量-流域面积"经验公式，经验公式的结构为：$Qp = aF^b$，其中 a、b 为常数，通过不同区域水文站实测洪水资料综合率定而得。

（2）洪峰模数法：主要依据《图集》中"洪峰模数等值线图""洪峰模数变差系数等值线图"，采用公式：$Q = MF^{0.6}$（暴雨图集）$Q = MF^{0.67}$（水文手册），式中 M 为洪峰模数，以面积为主要计算参数推求不同频率的设计洪水的一种方法。

（3）地区综合法：实质为区域综合，是以与设计流域在气候条件及下垫面条件较为邻近流域的水文站作为参证站进行综合分析，其计算公式为 $Q_{设} = \left(\dfrac{F_{设}}{F_{参证}}\right)^N \times Q_{参证}$，通过分析参证站设计洪水及面积指数 N，进而分析设计流域的设计洪水的一种计算方法，其利用相同或相似流域产、汇流条件就相同或相似的原理为主要计算思想，也是以面积为主要计算参数推求不同频率的设计洪水的一种方法。

（4）瞬时单位线法：

瞬时单位线的基本公式为

$$u(0, t) = \frac{1}{K \Gamma(n)} \left(\frac{t}{K}\right)^{n-1} e^{-\frac{t}{K}} \tag{4.5}$$

式中：t 为时间变量；$u(0, t)$ 为 t 时刻的瞬时单位线纵高；n 为调节次数，即假想的调节水库个数；K 为蓄水系数，为反映流域汇流时间的参数，具有时间的单位；$\Gamma(n)$ 为 n 的伽马函数；e 为自然对数的底。

根据计算公式可知，只要由实测雨洪资料分析率定出设计流域的 n、K 两个参数，即可求出相应的瞬时单位线。

根据《图集》成果，其通过对主要雨量站暴雨资料分析，主要水文站实测洪水资料分析，按不同气候条件及下垫面条件的脑山区、浅山脑山混合区分别率定出的计算公式如下：

$$\left.\begin{array}{l} m_1 = nK \\ m_1 = (-18.5 + 11.01 \lg F) i^{0.148 \lg F - 0.776} \\ n = 1.13 L^{0.281} \end{array}\right\} （脑山区） \quad (4.6)$$

$$\left.\begin{array}{l} m_1 = nK \\ m_1 = (-2.63 + 1.717 \lg F) i^{0.039 \lg F - 0.388} \\ n = 0.045 L^{0.984} \end{array}\right\} （浅山脑山区） \quad (4.7)$$

由计算公式可知，瞬时单位线法计算参数主要为：i 为设计净雨，F 为流域面积，L 为河长，因此瞬时单位线法是由设计暴雨推求设计洪水的一种用于无资料地区的计算方法。

（5）推理公式法：

目前水利部门最为广泛使用的推理公式形式是水科院法，属于半推理半经验的概念性模型。该法主要概化条件有两个：①假定很多由暴雨形成洪水的环节全流域一致；②假定回流面积的增长为直线变化，即 $\dfrac{F_{t_0}}{t_0} = \dfrac{F_\tau}{\tau}$ 公式的基本形式为

$$Q_m = 0.278 \psi \frac{S}{\tau^n} F \quad (4.8)$$

当 $\tau \leqslant t_c$ 时，洪峰流量 Q_m 系由全部流域面积上 τ 时段内的最大净雨所形成，即全面汇流情况，计算 Q_m 值公式为

$$Q_m = 0.278 \frac{R_\tau}{\tau} F \quad (4.9)$$

当 $\tau > t_c$ 时，洪峰流量 Q_m 由部分流域面积上 t_0 时段内的全部净雨所形成，即部分汇流情况，计算公式为

$$Q_m = 0.278 \frac{R_{t_c}}{\tau} F \quad (4.10)$$

以上各式中：

$$\tau = \frac{0.278 L}{v_\tau} \quad (4.11)$$

$$v_\tau = m J^{\frac{1}{3}} Q_m^{\frac{1}{4}} \quad (4.12)$$

式中：Q_m 为洪峰流量，m^3/s；τ 为流域汇流时间，h；R_τ、R_{t_c} 分别为 τ、t_c 时间内净雨，

mm；L 为流域出口断面起沿主河道至分水岭的全流长，km；J 为沿流程 L 的平均纵比降；F、F_{t0} 分别为全面汇流和部分汇流的汇流面积，km²；v 为沿流程 L 的平均汇流速度，m/s；m 为经验性汇流参数；0.278 为单位换算系数。

由以上公式可知，推理公式法计算最大洪峰流量 Q_m 需要确定 7 个参数即流域几何特征参数 F、L、J，暴雨参数 S_p、n，损失参数 μ 和汇流参数 m。

1）汇流参数 m：

《图集》中按照不同的气候条件及下垫面条件的脑山区、浅山脑山混合区分别点绘各站的 $m-\theta$ 关系，求得各区 $m=f(\theta)$ 关系，结果为

$$m=0.45\theta^{0.356} \qquad （脑山区） \tag{4.13}$$

$$m=0.75\theta^{0.487} \qquad （浅山脑山混合区） \tag{4.14}$$

2）最大流量计算：

当 $\tau \leqslant t_0$ 时，为全面汇流。可根据 $Q_m=0.278\psi\dfrac{S}{\tau^n}F$ 和 $m=\dfrac{0.278L}{\tau J^{\frac{1}{3}}Q^{\frac{1}{4}}}$，采用数学近似公式转换。

$$Q_m=\frac{0.278\psi S_p F}{\tau^n} \tag{4.15}$$

$$\tau=\frac{0.278L}{mJ^{\frac{1}{3}}Q_m^{\frac{1}{4}}} \tag{4.16}$$

由以上两式经过整理可得全面汇流情况下 Q_m 的简化计算公式：

$$Q_m=\left\{\left[0.278^{1-n}S_p\left(\frac{m}{\theta}\right)^n\right]^{\frac{4}{4-n}}-\frac{4\times0.278\mu}{4-n}\right\}F \tag{4.17}$$

式中：S_p 为雨力，相当于 1h 最大降雨量，mm。如果采用暴雨公式概化雨型，则采用 $S_p=H_p t^{n-1}$ 计算，若采用典型概化雨型，则取设计降雨过程中的时段最大值（$\Delta t=1$h）。

θ 值可根据设计流域几何特征值 F、L、J 用式 $\theta=\dfrac{L}{F^{\frac{1}{4}}J^{\frac{1}{3}}}$ 计算。

Q_m 计算出后，用式 $m=\dfrac{0.278L}{\tau J^{\frac{1}{3}}Q^{\frac{1}{4}}}$ 反算 τ 值，以检验 τ 值是否小于或等于 t_c 值，否则改用部分汇流情况计算 Q_m 值。

部分汇流情况计算公式为

$$Q_m=\left(\frac{FJ^{\frac{1}{3}}}{L}mR_{t_c}\right)^{\frac{4}{3}} \tag{4.18}$$

根据《山洪灾害分析评价技术要求》规定，在本次山洪灾害调查分析评价中，最终要确定临界雨量（产生成灾洪水位时洪水的雨量），即要以暴雨洪水同频率为原则推求出雨量预警指标，通过各种无资料地区设计洪水计算方法的分析可知：经验公式法、

洪峰模数法和地区综合法均是以流域面积为主要参数进行推求设计洪水的计算方法，无法由设计暴雨推求设计洪水，再从设计洪水反推设计暴雨，不适用于本项目设计洪水的计算。

在运用《图集》中瞬时单位线法计算时，发现由《图集》中给出的 m_1 计算公式，当且仅当集水面积 $F>48km^2$ 时，计算得到的 K 值才为正值，因此由《图集》中给出的参数计算方法计算得到的综合瞬时单位线只适合于集水面积 $F>48km^2$ 的流域，且经过多次复核计算发现，当流域面积大于 $300km^2$ 时才有较好的计算精度。而本次分析评价对象的集水面积多在 $50km^2$ 以下，所以就现有资料情况而言，综合瞬时单位线法并不适用于本项目的设计洪水的计算。

因此本次防治区设计洪水的计算方法主要采用推理公式法，该方法采用的《图集》资料条件较好，在无资料地区小流域设计洪水成果精度上有一定保证，且在实际运用中多次得到验证。

在计算预警指标时，采用的是降雨分析法，计算方法总体上来说相当于设计洪水的反过程。采用推理公式法针对于一个确定的流域进行设计洪水计算时，其变量只是设计频率。因此，可以建立洪峰流量与设计频率的单一函数关系，由此我们可以根据成灾流量反推出相应的频率，进而确定出相应降雨值，计算流程图见图 4.1。

4.2.4 成果分析

4.2.4.1 经验分析法预警指标成果

经验估计法是基于对小流域地形地貌、降雨特性、植被覆盖、土壤分布以及防灾对象历史山洪情况和沟道过洪能力的高度熟悉和了解，分析人员根据对小流域山洪暴发与降雨信息相关性的经验，确定各预警时段各级指标的临界雨量及其阈值。这类方法在过去用得比较多。根据实际应用效果来看，这类方法经验性地考虑了降雨强度和场次降雨量，方法简洁明快，易于操作，适用于简易雨量站观测预警，在实际中得到了较为广泛的应用。但是，这类方法对前期影响雨量（土壤含水量）、流域关键性特征（如产流特性、汇流特性）等因素，基本上没有考虑，经验性太强，具有较大的随意性和主观性，准确度亟待提高。

这类方法改进的重点是在进一步了解小流域产汇流特性基础上，合理划分降雨时段，综合考虑场次降雨总量、降雨强度、降雨历时和前期影响雨量（土壤含水量）的相互关系，结合山洪灾害发生情况，分析修正临界雨量数值。图 4.2 给出了青海省经验分析法预警指标成果。

4.2.4.2 调查评价预警指标成果

综合确定预警指标时，应考虑防治对象所处河段河谷形态、洪水上涨速率、预警响应时间和站点位置等因素，在临界雨量的基础上综合确定准备转移和立即转移的预警指标；并利用该预警指标进行暴雨洪水复核校正，以避免与成灾水位及相应的暴雨洪水频率差异过大。

通常情况下，由于临界雨量是从成灾水位对应流量的洪水推算得到的，故在数值上认为临界雨量即立即转移的指标，这是从洪水反算到降雨得出的信息；对于准备转移指标，

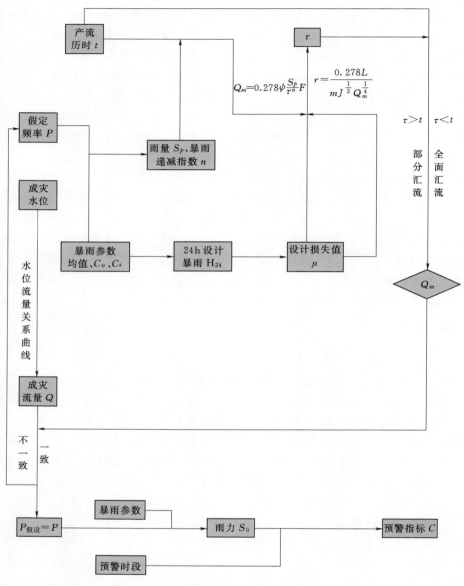

图 4.1 试算法推求预警指标流程图

则是从雨量方面在临界雨量上考虑一定量的折减,准备转移雨量首先需要确定一个控制断面准备转移流量,由临界转移流量反推得到临界转移雨量。具体做法为通过设计洪水计算的立即转移流量过程线,前推 30～60min 对应流量为准备转移流量,然后再通过与前面计算立即转移雨量相同方法计算准备转移雨量。

图 4.3 为青海省部分村庄的预警指标曲线图。

采用以上分析方法,项目针对青海省 1351 个典型沿河村落进行了雨量预警指标分析,图 4.4 给出了青海省 1h、3h、6h 雨量预警指标图。

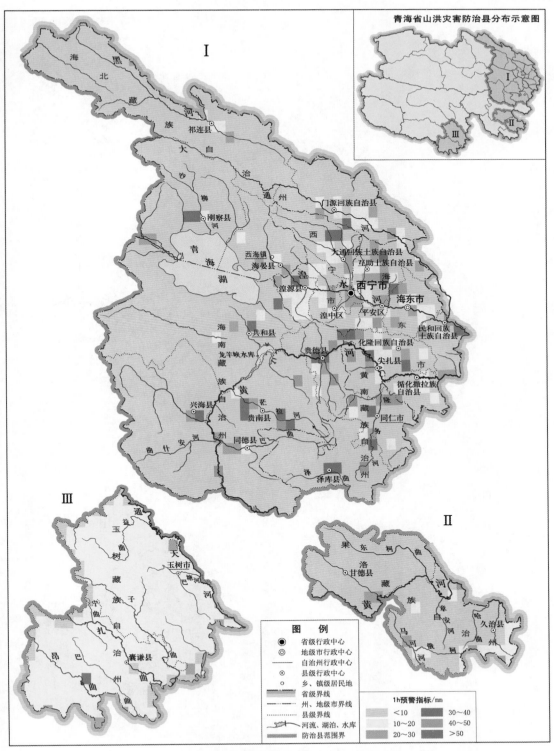

（a）1h 预警指标

图 4.2（一） 青海省经验分析法预警指标成果

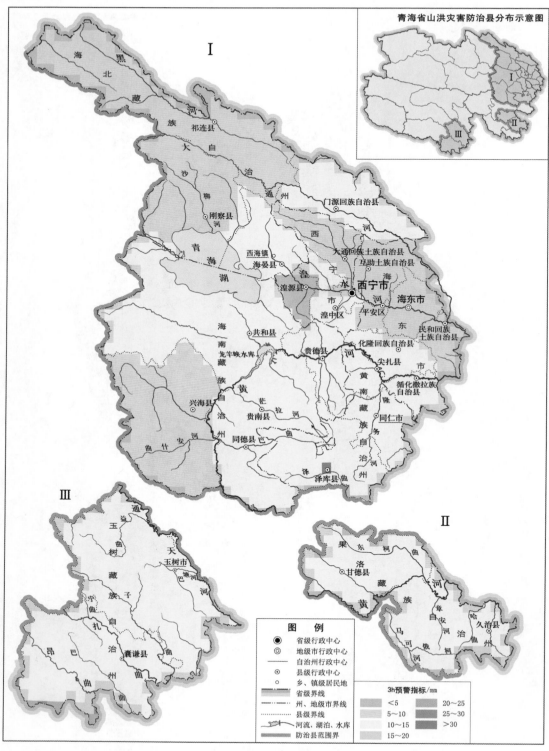

（b）3h 预警指标

图 4.2（二）　青海省经验分析法预警指标成果

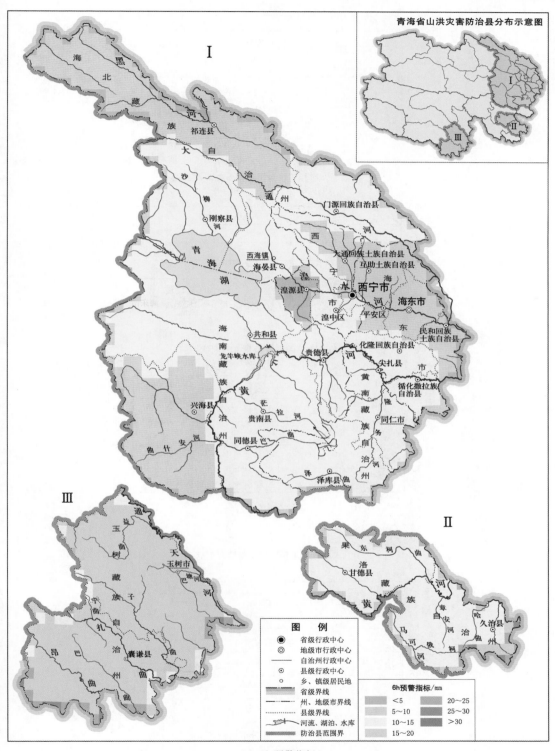

（c）6h 预警指标

图 4.2（三）　青海省经验分析法预警指标成果

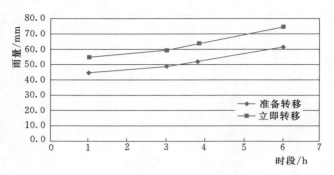

（a）大通县祁汉沟预警雨量临界曲线图

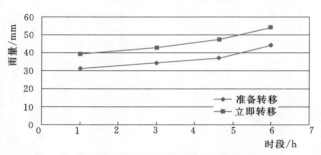

（b）大通县水草滩预警雨量临界曲线图

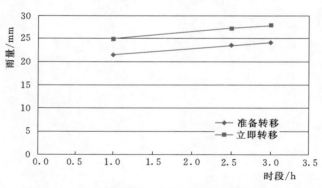

（c）大通县藏龙庄预警雨量临界曲线图

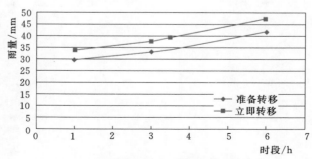

（d）乐都区马厂庄预警雨量临界曲线图

图 4.3　青海省典型村落预警雨量临界曲线图

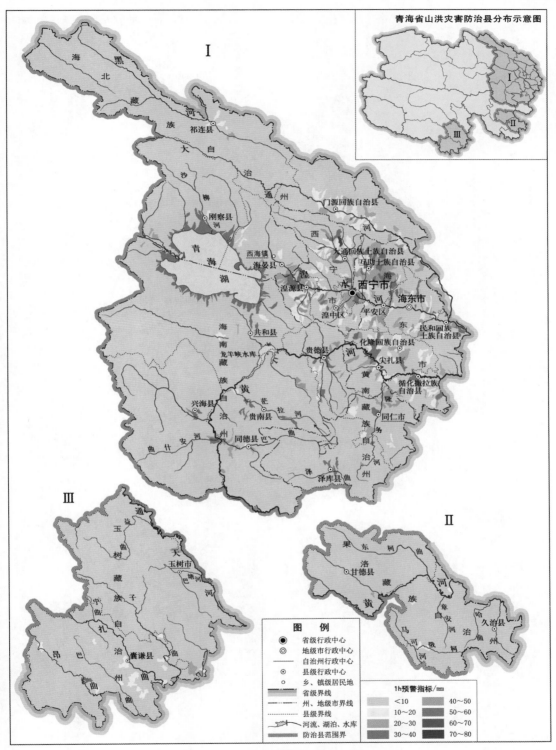

（a）1h预警指标

图 4.4（一） 青海省 1h、3h、6h雨量预警指标图

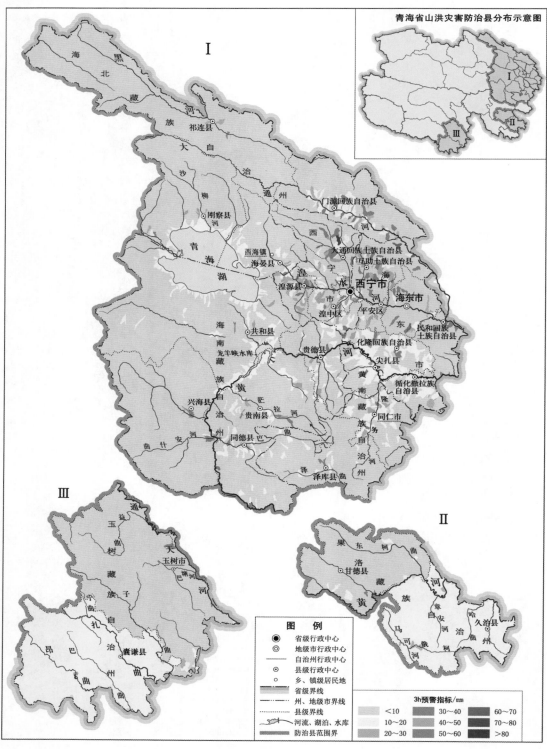

（b）3h 预警指标

图 4.4（二）　青海省 1h、3h、6h 雨量预警指标图

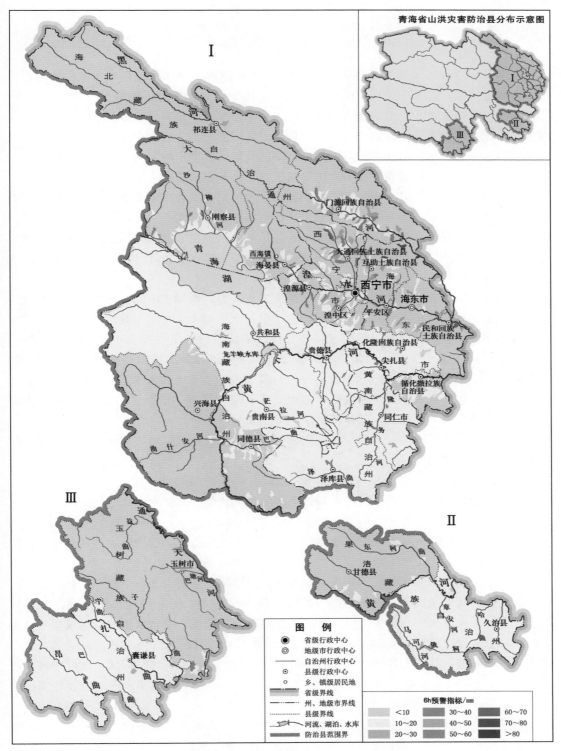

（c）6h 预警指标

图 4.4（三） 青海省 1h、3h、6h 雨量预警指标图

4.3　动态预警指标研究

前期土壤含水量显著影响着流域降雨-径流响应过程，如坡面流与壤中流的比例，当土壤含水量较低，降水渗入地下的水量大，产生径流则小；反之，如果土壤含水量较高，降水渗入地下的水量小，形成径流的水量多。前期土壤含水量甚至直接影响着山洪是否会发生。前期土壤含水量是影响山洪预报预警的关键因素之一。研究表明，山洪预警雨量随前期土壤含水量的增加而线性降低；同时，不同气候区前期土壤含水量对山洪预警的影响也不一致，例如，在以蓄满产流为主的湿润区，预警雨量随前期土壤含水量降低较多，而在以超渗产流为主的干旱半干旱地区，预警雨量随前期土壤含水量降低较少。因此，有必要精确估算流域前期土壤含水量，以便更好地指导山洪防治工作。然而，由于土壤水的高度空间和时间变异性，要精确估计土壤水状态是十分困难的，尤其是对于无观测站点的小流域，因为土壤性质、植被、降雨、地形地貌、初始土壤含水量等各种因素都会影响土壤水的动态变化过程。

在项目开展过程中，大部分山洪灾害评价工作认为，青海省山洪灾害防治区大部分地区为黄土区，产流形式多为超渗产流，前期土壤含水量对产流影响相对较小，且考虑土壤含水量是为了计算临界雨量时的雨量扣损（以产流历时内的平均损失率 μ 为主要指标）。根据《图集》，经对本地区大量雨洪资料的分析，绝大部分降雨场次扣除初损和不扣除初损所求得的 μ 值都很接近，故预警指标分析计算中暂未考虑土壤含水量的影响。

众所周知，产流是暴雨洪水过程中的重要而复杂的环节，根据《图集》，青海省大部分地区属干旱、半干旱地区，其暴雨洪水产流主要有以下特点：

（1）一般成峰暴雨，大多为中小尺度天气系统所造成，历时短，强度大，雨强随历时和面积的增长而递减。

（2）产流历时短，一般为 0.5～1.0h，最长也只有 2～3h。

（3）由于暴雨时空分布不均匀，局部产流的现象比较普遍。

（4）一次降雨过程损失量很大，产流量很小。

（5）青海省大部分被黄土所覆盖，产流形式多为超渗产流，前期土壤含水量对产流的影响相对较小，雨强的影响相对较大。

事实上，根据青海省的气候特点，一方面，流域特大暴雨大多集中在 7 月和 8 月，这个时期发生的暴雨频次高，占暴雨出现总次数的 80% 左右；另一方面，初秋冷空气比较活跃，强度不大，面积相对大，容易形成强连阴雨，对流域土壤含水量的影响极大，具体表现为，中心日降雨量不足 50mm，降雨过程时间长，容易形成大洪水和特大洪水，会造成大量房屋倒塌，导致人员伤亡，使成熟的农作物霉烂。可见，忽略流域土壤含水量分析得到的雨量预警指标在这种情况下是非常具有局限性的，并且，也不利于动态预警指标的确定和分析。

为此，项目进行过程中，开展针对性的基础研究，以便提高青海省山洪灾害防治区降雨径流模拟精度，提高山洪灾害预警指标的准确性和可靠性，并为今后动态预警打下基础，具体研究内容包括地貌水文响应单元产流特性和流域逐日土壤含水量两个方面。

4.3.1　地貌水文响应单元及其产流

4.3.1.1　地貌水文响应单元和产流机理耦合关系

土壤水分的存储能力和滞留机制可影响洪水径流过程。基础数据中地形、土壤和土地利用数据主要表征地表和浅层地表的信息，而地貌数据可提供关于地表覆盖状况、沉积物覆盖类型和沉积物深度等信息，综合考虑上述数据可识别出不同山坡地貌单元土壤水分存储容量大或者小的地区，有利于掌握流域产流规律。

山坡是流域水文响应的基本单元，是水文过程发生的重要场所，同时也是介于微观网格尺度和宏观流域尺度之间的一个重要的过渡尺度。山坡尺度本构关系可以看作微观点尺度或代表性单元体积尺度上相应本构关系的升尺度描述。基于山坡土地类型、土壤质地、坡度、坡降、沉积物覆盖状况的山坡径流过程分类方法，可以有效描述山坡径流响应过程。

利用遥感影像、地形、地貌和土壤数据将流域按照不同产汇流响应机理区域划分，划分为暴雨快速响应地貌，暴雨滞后响应地貌，暴雨贡献较小地貌，以及暴雨快速响应但联通性较差的地貌。并对地貌分布进行空间分析，通过高程、距离的定义、距离和高程的作用与空间模式的测度进行空间结构定量分析。根据霍顿坡面产流（HOF）、饱和坡面产流（SOF）、壤中流（SSF）和深度下渗产流（DP）四类产流过程，进一步利用其土壤存水能力和排水时间将各个产流过程再细分为 1 类、2 类、3 类（快、中、慢）。最后，综合应用山坡地貌、沉积物覆盖信息、DEM 提取的坡度、坡降等信息，建立山坡地貌与产流机理的对应关系。

4.3.1.2　小流域地貌水文响应单元划分方法

采用有资料小流域开展小流域地貌水文响应单元的研究。在现有的国家划分小流域的基础上，融合小流域地形、2.5m 分辨率土地利用分类和土壤质地分类（1：50000）的信息，首先提取小流域最长汇流路径，坡度（频率直方图），小流域高程差，坡向，流域形态因子，地形指数等指标；然后采用图层空间叠加法利用分辨率 2.5m 土地利用（裸岩，裸土，交通及建筑用地，森林，耕地，草地，水域等指标）和土壤质地信息（土壤级配合覆盖层厚度）细分山坡地貌分文响应单元，初步划分为暴雨快速响应地貌，暴雨滞后响应地貌，暴雨贡献较小地貌。

通过查阅文献和数值模拟，了解各类土壤的对产流的特性差异，将土壤分为不易产流型、中等产流型、较易产流型和极易产流型 4 种（表 4.2）。

4.3.1.3　地貌水文响应单元汇流特征

通过查阅文献，了解了各类土地利用的流域系数，其对洪水响应快慢程度从小到大排序：有林地、灌木林地、其他林地、人工草地、高覆盖草地、中覆盖草地、低覆盖草地、旱地、水田未利用土地的产流特性主要由土壤决定，城镇、交通等人类活动用地一般为快速产流。基于优于 2.5m 影像的将土地利用分类为 25 类，根据响应快慢将其重新分为12 组。

在土壤参数基础上，根据各类土地利用类型和植被类型的流速系数，对洪水汇流的影响按照流速系数从小到大排列，并分为快、中、慢，三个属性，见表 4.3。

表 4.2 土壤产流分类

土地类型	编码	饱和导水率 k_0/(mm/h)	分类	土壤田间持水量 Φ/%	分类	土地利用	描述	响应单元
块石、砾石沙土壤质沙土、砂质壤土、壤土	ST02	>100	易下渗型	<20	蓄水能力小	砾石、沙地、其他旱地	土壤下渗能力大、相对蓄水能力小、地表植被覆盖稀疏、降水容易形成垂直下渗、降水形成产流较小	贡献较小
	ST03							A
	ST04							
	ST05	10~100（含100）		20~30（含30）	蓄水能力中等	园林，灌木林地，人工草地，中、低覆盖草地，坡耕旱地，沼泽地	土壤下渗能力较强、有一定的蓄水能力，所以植被覆盖度较好，降雨量较小时对径流量贡献较小，只有当降雨量达到一定量后才会有明显贡献	滞后产流单元
	ST06							
砂质黏壤土	ST08							B
砂质黏土	ST11	1~10（含10）	中等下渗型					
粉砂壤土	ST07							
黏性壤土	ST09			≥0.3	蓄水能力大	有林地、高覆盖草地、盐碱地、硬化地表	土壤下渗能力小且蓄水能力强，所以地表植被覆盖度较好，较小的蓄水就容易形成超渗和蓄满两种形式的产流	快速产流单元
砂质黏土	ST12							
粉质黏土	ST13	≤1	不易下渗型					C
粉质黏壤土	ST10							
黏土	ST14							
重黏土、岩石、城区	ST15							快速产流单元
	ST01			—	—	交通运输用地、房屋用地	地表不易下渗	
	ST16							D
水域	S17					房屋建筑（区），水体		

表 4.3 土 地 利 用 分 组

编码	名称	流速系数 K/(m/s)	土地利用分组	汇流速度
USLU031	有林地	0.45	有林地	慢
USLU02	园地			
USLU032	灌木林地	0.20	灌木林地	
USLU033	其他林地	0.35	其他林地	
USLU042	人工草地	0.30	人工草地	中
USLU0411	高覆盖草地	0.30	高覆盖草地	
USLU0412	中覆盖草地	0.55	中覆盖草地	
USLU0413	低覆盖草地	0.65	低覆盖草地	
USLU0121	坡耕旱地	1.40	旱地	
USLU0122	其他旱地			

编码	名称	流速系数 K/(m/s)	土地利用分组	汇流速度
USLU101	盐碱地		未利用土地	快
USLU102	沙地	6.00		
USLU103	裸土			
USLU104	岩石	6.50		
USLU105	砾石			
USLU106	沼泽地	0.65		
USLU05	交通运输用地		城镇不透水面	
USLU07	房屋建筑（区）			
USLU081	硬化地表	6.50		
USLU082	其他构筑物			
USLU09	人工堆掘地			
USLU011	水田	6.50	水田	
USLU061	水面		水域及水利设施用地	
USLU062	水利工程设施	6.50		
USLU063	冰川及永久积雪			

　　将产流和汇流属性特征相结合，形成小流域地貌水文响应单元的产流响应单元二维表，见表4.4。

表 4.4　　　　　　　　　　　小流域地貌水文响应单元划分二维表

土地利用分组	土壤水文特征分组			
	A	B	C	D
林地	贡献小	滞后（慢）	快速（慢）	快速（快）
灌木林地	贡献小	滞后（慢）	快速（慢）	快速（快）
其他林地	贡献小	滞后（慢）	快速（慢）	快速（快）
人工草地	贡献小	滞后（中）	快速（中）	快速（快）
高覆盖草地	贡献小	滞后（中）	快速（中）	快速（快）
中覆盖草地	贡献小	滞后（中）	快速（中）	快速（快）
低覆盖草地	贡献小	滞后（中）	快速（中）	快速（快）
旱地	贡献小	滞后（中）	快速（中）	快速（快）
未利用土地	贡献小	滞后（快）	快速（快）	快速（快）
城镇不透水面	贡献小	滞后（快）	快速（快）	快速（快）
水田	贡献小	滞后（快）	快速（快）	快速（快）
水域及水利设施用地	贡献小	滞后（快）	快速（快）	快速（快）

4.3.1.4　地貌水文响应单元修正

　　在上述地貌水文响应单元的划分二维表基础上，在实际使用中，可采用坡度和覆盖层厚度数据对地面水文响应单元进行修正，见表 4.5。

表 4.5　　　　　　　　　　　地貌水文响应单元的修正表

平均坡度 $S/(°)$	覆盖层厚度 D/cm	CN 值	响应单元
＞25	≤20	＞90	快速响应单元（快）
20～25（含 25）		75～90（含 90）	快速响应单元
15～20（含 20）		60～75（含 75）	
≤15	20～50（含 50）	45～60（含 60）	滞后响应单元
		30～45（含 45）	
		20～30（含 30）	
	50～80（含 80）	≤20	贡献小

4.3.1.5　地貌水文响应单元的产流机制

利用上述地貌水文响应单元的划分标准，得到山区中小流域山坡地貌响应单元的空间分布。根据地貌水文响应单元特性为每一个单元建立产流机制。在实际应用过程中，可根据具体情况进行修改。

针对描述暴雨洪水的产流机制的方法还很少。地貌水文响应单元和产流机理相关联的方案是实现对山坡主要的产流机制进行精确的分类探索。这样的产流机制分类方法，可以减少模型模拟参数，并可以更好地率定主要参数。

按照以下方法区分 4 种主要产流机制：当降雨强度超过下渗能力的时候产生霍顿超渗地面径流（HOF）。这主要发生在下渗能力较低的地区，如土壤中黏土含量高的地区，或者低渗透率的岩石表面。饱和蓄满产流（SOF），由于土壤含水量国过饱和而产生。壤中流（SSF）代表土壤大于田间持水量，在土壤中发生侧向流动。这些过程可以进一步由他们的强度来说明，通过添加数字"1""2"或"3"来表示日益衰减的行为。滞后时间的快慢主要取决于可蓄水量；壤中流占产汇过程主导的浅层土壤被描绘为 SSF1，因为其可蓄水量有限，具有类似产流更厚的土壤被描绘为 SSF2 甚至 SSF3。浅层蓄满产流或壤中流以地形坡度临界值为特征判别变量，倾斜超过 5％的陡坡在山坡上映射为壤中流而平缓边坡为饱和蓄满产流。

对有小流域来说，单独的地形梯度对描述地貌响应特征是没有用的。两个小流域坡地有相同的地行梯度，但是有相反的沉积物覆盖和径流行为。考虑到水力传导度和水头梯度对包气带水流来说是同样重要的，但是前者比地形梯度大几个数量级，而地形梯度通常又用来代表后者。总之，地形梯度数据当与其他数据结合的时候才是有用的。

产流的快慢依赖于流动的土壤介质的属性。例如，土壤水力传导度影响水流的流速，土壤持水能力影响山坡的储水。对颗粒的材料来说，水力传导度可以根据颗粒的粒径的大小粗略的估计，壤中流在大量的细颗粒物质的含量的介质中的滞后比有大量粗糙颗粒的物质的介质中的滞后更大。这个关系在饱和—非饱和的条件下都适用并且影响水平和垂向的流动过程。

陡峭的地形的储水量一般很少，径流形成很快。径流的响应主要是受土壤覆盖的性质决定的。地形和土壤数据的结合可能对水文过程的空间组成提供了一个有用的描述，例如土壤的特性、坡度、高程之间的简单关系。

如果在现有资料条件下无法对土壤覆盖层厚度的准确推断，则可以通过评估地形险峻来达到分类目的。因此3个分类强度被定义，每一类响应快慢程度被沉积物覆盖厚度代表，见表4.6。

非常崎岖：许多岩石露头的山坡表示基岩的深度位于"浅"这一分类，即土壤覆盖层厚度不到0.5m。通常在岩屑坡中分类发生。

中等崎岖：在几乎没有岩石露头，但地形和分布不均匀且边缘锐利的情况下，该地区被认为是一个"中等厚"的沉积物覆盖区（即0.5～1.0m）例如，在有密集的渠道网络的陡峭地区。

轻微起伏：地形缺乏锐利边缘，轻微起伏。山坡上几乎不显示侵蚀特性，通常形成厚土覆盖。凸面和凹面形式之间的平滑地形表明沉积物覆盖是"厚"甚至"很厚"，即超过1m。

表4.6　　　　　　　　　　小流域山坡地貌水文响应单元与产流机制对应标准

响应单元	描　述	细分	主要径流过程	稳定下渗率 μ /(mm/h)	土壤饱和导水率 k_0 /(cm/h)	田间持水量 Φ /%	流速系数 K /(m/s)	平均坡度 S /(°)	覆盖层厚度 D /cm	CN值
快速响应单元	不管降雨量多少，对径流量都有一定贡献，产流速度快，产流能力强	快	超渗	≤0.25	≤0.1	>30	>2.00	>25	≤20	>90
		中	超渗/蓄满混合	0.25～0.60（含0.60）	0.1～0.6（含0.6）	20～25（含25）	0.45～2.00（含2.00）	20～25（含2.00）	≤20	75～90（含90）
			蓄满							
		慢	蓄满	0.60～1.00（含1.00）	0.6～1.0（含1.0）	25～30（含30）	0～0.45（含0.45）	15～20（含20）	≤20	60～75（含75）
			壤中流							
滞后响应单元	降雨量较小时对径流量贡献较小，只有当降雨量达到一定量后才会有明显贡献。产流速度慢，产流能力弱	快	超渗	1.00～15.00（含15.00）	1.0～5.0（含5.0）	>30	>2.00	≤15	20～50（含50）	45～60（含60）
			超渗/蓄满混合			20～25（含25）				
			蓄满							
		中	超渗	1.00～15.00（含15.00）	5.0～15.0（含15.0）	>20	0.45～2.00（含2.00）		20～50（含50）	30～45（含45）
			超渗/蓄满混合			25～30（含30）				
			蓄满							
		慢	壤中流	1.00～15.00（含15.00）	15.0～30.0（含30.0）	30～40（含40）	0～0.45（含0.45）		20～50（含50）	20～30（含30）
贡献较小区	不管降雨量多少，对径流量都几乎没有贡献	—	下渗为主	>15	>30.0	≤10	>0		50～80（含80）	≤20

4.3.1.6　地貌水文响应单元划分成果

利用上述原则，对青海省26个防治县的地貌水文响应单元进行划分。

4.3.2　流域逐日土壤含水量研究

4.3.2.1　逐日土壤含水量计算方法

青海省山丘区土壤水动态模拟模型是以土壤、植被、土地利用、地形地貌等信息为基础，基于 Richard 方程对土壤水运动进行模拟计算。模型的离散化方法和部分算法参考了分布式水文模型 GBHM（Geomorphology Based Hydrological Model）的原理。将青海省山丘区小流域划分为一系列正方形栅格，然后在栅格内进行次网格参数化，将网格概化为一系列山坡单元，并根据不同的土地利用和植被覆盖将山坡单元分类；在山坡单元内模拟降雨、截留、蒸发、下渗等过程，从而进行土壤水的动态模拟。

流域水文响应过程的最小单元是山坡。山坡单元在垂直方向划分为 3 层：植被层、非饱和带、饱和带（见图 4.5）。在植被层，考虑降水截留和截留蒸发。对非饱和土壤层，沿深度方向进一步划分为 10 小层，每层厚 0.1～0.5 m，在非饱和土壤层用 Richards 方程来描述土壤水分的运动，降雨入渗是该层上边界条件，而蒸发和蒸腾是其中的源汇项。模型中描述的水文响应过程如图 4.5 所示。

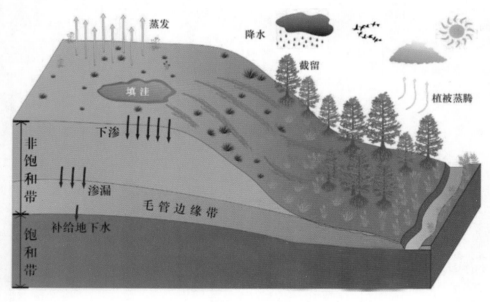

图 4.5　山坡单元水文过程

模型考虑了植被冠层降雨截留、潜在蒸发量、实际蒸散发量、非饱和带土壤水分运动、地下水出流、融雪等环节，以便倒推流域土壤含水量。

1. 植被冠层降雨截留

植被冠层对降雨的截留是一个极其复杂的过程，难以用具体的数学方程来描述降雨在植被叶面上的运动。因此在模型中，将该过程进行简化，仅考虑植被冠层叶面截留能力对穿过雨量的影响。植被对降雨截留能力一般随植被种类和季节而变化，可视为叶面积指数 LAI 的函数（Sellers 等，1996），用式（4.19）计算：

$$S_{co}(t) = I_0 K_v LAI(t) \qquad (4.19)$$

式中：$S_{co}(t)$ 为 t 时刻的植被冠层的最大截留能力，mm；I_0 为植被截留系数，与植被类型有关，一般为 0.10～0.20；K_v 为植被覆盖率，可根据土地利用类型取值，或从相关遥感资料中取值；$LAI(t)$ 为 t 时刻的植被叶面积指数，该指数可依据遥感获得的 $NDVI$ 值估算。

降雨首先需饱和植被的最大截留量，而后盈出的部分才能到达地面。某一时刻的实际降雨截留量由该时刻的降雨量和冠层潜在截留能力共同决定的，t 时刻的冠层潜在截留能力为

$$S_{cd}(t) = S_{co}(t) - S_c(t) \qquad (4.20)$$

式中：$S_{cd}(t)$ 为 t 时刻的冠层潜在截留能力，mm；$S_c(t)$ 为 t 时刻冠层的蓄水量，mm。考虑到降雨强度 $R(t)$（单位为 mm/h），则在该 Δt 时段内冠层的实际截留量为

$$I_{actual}(t) = \begin{cases} R(t)\Delta t, & R(t)\Delta t \leqslant S_{cd}(t) \\ S_{cd}(t), & R(t)\Delta t > S_{cd}(t) \end{cases} \qquad (4.21)$$

2. 潜在蒸发量计算公式

利用气象站点的日观测数据，包括降水、风速、相对湿度、日照时数、日平均气温、日最高气温和日最低气温等，进行潜在蒸发量的计算。对于水面，潜在蒸发量按式（4.22）和式（4.23）（Penman，1948；Maidment，1992；张建云，李纪生，2002）计算：

$$E_p = \frac{\Delta}{\Delta + \gamma}(R_n + A_h) + \frac{\gamma}{\Delta + \gamma} \frac{6.43(1 + 0.536U_2)D}{\lambda} \qquad (4.22)$$

$$E_{rc} = \frac{\Delta}{\Delta + \gamma^*}(R_n - G) + \frac{\gamma}{\Delta + \gamma^*} \frac{900}{T + 275} U_2 D \qquad (4.23)$$

式中：Δ 为饱和水汽压-温度曲线斜率，kPa/℃；R_n 为净辐射交换，mm/d；A_h 为以平流形式输送给水体的能量，mm/d；U_2 为 2m 高处的风速，m/s，$U_2 = 0.749U$，U 为气象站观测风速；D 为饱和水汽压差 $e_s - e$，kPa；G 为土壤热通量，mm/d；T 为平均气温，℃；λ 为单位质量水体蒸发所需的潜热，MJ/kg；γ 为湿度计常数，kPa/℃。

式（4.22）和式（4.23）中的净辐射交换量 R_n 的计算方法如下：

$$\left.\begin{aligned}
& R_n = S_n + L_n \\
& S_n = S_t(1 - \alpha), S_t = \left(a_s + b_s \frac{n}{N}\right)S_0, N = \frac{24}{\pi}\omega_s \\
& L_n = -f\varepsilon'\sigma(T + 273.16)^4, \varepsilon' = a_e + b_e\sqrt{e_d} \\
& f = a_c \frac{S_t}{S_{to}} + b_c, S_{to} = (a_s + b_s)S_0 \\
& S_0 = 15.392 d_r(\omega_s \sin\varphi \sin\delta + \cos\varphi \cos\delta \sin\omega_s) \\
& \delta = 0.4093 \sin\left(\frac{2\pi}{365}J - 1.405\right), d_r = 1 + 0.033\cos\left(\frac{2\pi}{365}J\right)
\end{aligned}\right\} \qquad (4.24)$$

式中：S_n 为净短波辐射，MJ/（m² · d）；L_n 为净长波辐射，MJ/（m² · d）；S_t 为太阳短波辐射，MJ/（m² · d）；α 为短波辐射反射率；S_0 为大气顶辐射量，MJ/（m² · d）；n 为

每天的日照时数，h；N 为最大日照时数，h；n/N 为云量因子；a_s 为阴天天气（$n=0$）与大气顶辐射（S_0）比值，a_s+b_s 为晴天天气大气顶辐射（S_0）比值，一般 a_s 取 0.25，b_s 取 0.50；L_n 为净长波辐射，$MJ/(m^2 \cdot d)$；f 为云覆盖度调节系数中；ε' 为大气与地面之间的净辐射率；σ 为斯特藩-玻尔兹曼常数，$4.903 \times 10^{-9} MJ/(m^2 \cdot K^4 \cdot d)$；$T$ 为平均气温，℃；e_d 为水汽压，kPa；a_e、b_e 分别为相关系数，一般情况下，a_e 取 0.34，b_e 取 -0.14；S_{to} 为晴天的太阳辐射（也就是 $n/N=1$）；a_c、b_c 分别为晴天长波辐射系数（二者之和为 1.0），干旱地区 a_c 取 1.35、b_c 取 -0.35，湿润地区 a_c 取 1.0、b_c 取 0；δ 为太阳倾斜角（赤纬角），（°）；φ 为所在地的纬度，（°）；ω_s 为日落时角，（°），$\omega_s=\arccos(-\tan\phi\tan\delta)$；$d_r$ 为日地距离；J 为一年中的第几天（儒略历日数）。

式（4.22）和式（4.23）中的饱和水汽压-温度曲线斜率 Δ 的计算公式如下：

$$\left.\begin{aligned} \Delta &= \frac{4098e_s}{(237.3+T)^2} \\ e_s &= 0.6108\exp\left(\frac{17.27T}{237.3+T}\right) \end{aligned}\right\} \tag{4.25}$$

式中：e_s 为饱和水汽压，kPa；T 为平均气温，℃。

式（4.22）中的平流形式输送给水体的能量 A_h 的计算公式如下：

$$A_h = 4.19 \times 10^{-3} P_r T_p \tag{4.26}$$

式中：P_r 为降水量，mm；T_p 为雨水温度，℃。

式（4.22）和式（4.23）中的水体蒸发潜热 λ 的计算公式如下：

$$\lambda = 2.51 - 0.002361T_s \tag{4.27}$$

式中：T_s 为水体表面的温度，℃。

式（4.22）和式（4.23）中的湿度计常数 γ 的计算公式如下：

$$\gamma = 0.0016286 \frac{P}{\lambda} \tag{4.28}$$

式中：P 为大气压力，kPa。

式（4.23）中的 γ^* 的计算公式如下：

$$\gamma^* = \gamma(1+0.33U_2) \tag{4.29}$$

式（4.22）和式（4.23）中的饱和水汽压差 D 的计算公式如下：

$$D = \frac{e_s(T_{\max}) + e_s(T_{\min})}{2}(1-RH) \tag{4.30}$$

式中：$e_s(T_{\max})$、$e_s(T_{\min})$ 利用式（4.26）计算，$T_{\max}$、$T_{\min}$ 为一天中的最高和最低气温；RH 为相对湿度。

3. 实际蒸散发量估算

蒸散发是水转化为水蒸气返回到大气中的过程，包括植被冠层截留水量、开敞的水面和裸露的土壤，以及土壤水经植物根系吸收后在冠层叶面气孔处的蒸发（也称蒸腾）。在模型中，实际的蒸散发量在考虑植被覆盖率、冠层叶面积指数、土壤含水量及根系分布的基础上，由潜在蒸发能力计算而来。它包括冠层截留水蒸发、叶面蒸腾和裸土蒸发 3 个部分：

（1）植被冠层截留蓄水的蒸发率计算。

当有植被覆盖时，首先从植被冠层截留的蓄水开始蒸发。当 t 时刻的冠层截蓄水量满足潜在蒸发能力时，则实际蒸发量等于潜在蒸发量；当不满足时，则实际蒸发量等于该时刻的冠层截蓄水量，计算的表达式如下：

$$E_{canopy}(t)=\begin{cases}K_vK_cE_p, & S_c(t)\geqslant K_vK_cE_p\Delta t \\ S_c(t)/\Delta t, & S_c(t)<K_vK_cE_p\Delta t\end{cases} \tag{4.31}$$

式中：$E_{canopy}(t)$ 为 t 时刻的冠层截留蓄水的蒸发率，mm/h；K_v 为植被覆盖率；K_c 为参考作物系数；E_p 为潜在蒸发率，mm/h。

（2）由根系吸水经植被冠层叶面的蒸腾率计算。

当植被冠层的截留蓄水量不能满足潜在蒸发能力时，叶面蒸腾开始。蒸腾的水量来自植被根系所在的土壤层含水。因此，蒸腾率除与植被的叶面积指数有关之外，还与植物根系的吸水能力有关，也就是与根系分布和土壤含水量相关。植被蒸腾率估算的数学表达式如下：

$$E_{tr}(t,j)=K_vK_cE_pf_1(z_j)f_2(\theta_j)\frac{LAI(t)}{LAI_0} \tag{4.32}$$

式中：$E_{tr}(t,j)$ 为 t 时刻植被根系所在 j 层土壤水分经根系至植被叶面的实际蒸腾率，mm/h；$f_1(z_j)$ 为植物根系沿深度方向的分布函数，概化为一个底部在地表的倒三角分布；θ_j 为 j 层土壤的含水量；$f_2(\theta_j)$ 为土壤含水量的函数，当土壤饱和或土壤含水量大于等于田间持水量时，$f_2(\theta_j)=1.0$，当土壤含水量不大于凋萎系数时，$f_2(\theta_j)=0$，其间为线形变化；LAI_0 是植物在一年中的最大叶面指数。

（3）裸露土壤的蒸发。

当没有植被覆盖时，蒸发从地表开始。如果地表有积水，计算实际蒸发的表达式如下：

$$E_{surface}(t)=\begin{cases}(1-K_v)E_p, & S_s(t)\geqslant E_p(1-K_v)\Delta t \\ S_s(t)/\Delta t, & S_s(t)<E_p(1-K_v)\Delta t\end{cases} \tag{4.33}$$

式中：$E_{surface}(t)$ 为 t 时刻的裸露地表实际蒸发率，mm/h，$S_s(t)$ 为 t 时刻的地表积水深，mm。当地表没有积水或地表积水不能满足潜在蒸发能力时，蒸发将发生在土壤表面，其蒸发率计算如下：

$$E_s(t)=[(1-K_v)E_p-E_{surface}(t)]f_2(\theta) \tag{4.34}$$

式中：$E_s(t)$ 为 t 时刻的土壤表面的实际蒸发率，mm/h；$f_2(\theta)$ 为土壤含水量的函数，当地表积水时，$f_2(\theta)=1.0$，当土壤含水量不大于凋萎系数时，$f_2(\theta)=0$，其间为线形变化。

4. 非饱和带土壤水分运动

（1）控制方程。

地表以下、潜水面以上的土壤通常称为非饱和带。降雨入渗和蒸发蒸腾都通过非饱和带。非饱和带垂直方向的土壤水分运动用一维 Richards 方程描述：

$$\left.\begin{aligned}\frac{\partial\theta(z,t)}{\partial t}&=-\frac{\partial q_v}{\partial z}+s(z,t) \\ q_v&=-K(\theta,z)\left[\frac{\partial\Psi(\theta)}{\partial z}-1\right]\end{aligned}\right\} \tag{4.35}$$

式中：z 为土壤深度，m，坐标向下为正方向；$\theta(z, t)$ 为 t 时刻距地表深度为 z 处的土壤体积含水量；s 为源汇项，在此为土壤的蒸发蒸腾量；q_v 为土壤水通量；$K(\theta, z)$ 为非饱和土壤导水率，m/h；$\Psi(\theta)$ 为土壤吸力，均是土壤含水量的函数。其中土壤含水量与土壤吸力 $\Psi(\theta)$ 之间的关系，采用 Van Genuchten 公式来表示：

$$
\left.
\begin{aligned}
S_e &= \left[\frac{1}{1+(a\psi)^n}\right]^m \\
S_e &= \frac{\theta-\theta_r}{\theta_s-\theta_r}
\end{aligned}
\right\}
\tag{4.36}
$$

式中：θ_r 为土壤残余含水量；θ_s 为土壤饱和含水量；a、n 和 m 为常数，$m=1/n$，这些参数与土壤类型相关，需要试验确定。

非饱和土壤导水率 $K(\theta, z)$ 的计算如下式：

$$
K(\theta,z)=K_s(z)S_e^{\frac{1}{2}}\left[1-(1-S_e^{\frac{1}{m}})^m\right]^2
\tag{4.37}
$$

式中：$K_s(z)$ 为距地表深度为 z 处的饱和导水率，m/h。一般土壤饱和导水率在垂直方向一般随深度增加而减小，因此用下式中的指数衰减函数来表示：

$$
K_s(z)=K_0\exp(-fz)
\tag{4.38}
$$

式中：K_0 为地表的饱和导水率，m/h；f 为衰减系数。

进入土壤的入渗过程受上述的一维 Richards 方程控制。土壤表面的边界条件取决于降雨强度，当降雨强度小于或等于地表饱和土壤导水率，所有降雨将渗入土壤，不产生任何地表径流。对于较大的雨强，在初期，所有降雨渗入土壤，直到土壤表面变成饱和。此后，入渗小于雨强时，地表开始积水。该过程可以用下式表示：

$$
\left.
\begin{aligned}
&-K(h)\frac{\partial h}{\partial z}+1=R, &\theta(0,t)\leqslant\theta_s, &\quad t\leqslant t_p \\
&h=h_0, &\theta(0,t)=\theta_s, &\quad t>t_p
\end{aligned}
\right\}
\tag{4.39}
$$

式中：R 为降雨强度，mm/h；h_0 为土壤表面积水深，mm；$\theta(0, t)$ 为土壤表面含水量；t_p 为积水开始时刻。

（2）数值求解方法。

由于控制方程和初始及边界状态的复杂性，大多数情况下并无解析解。因而通常采用有限差分方法来求解上述一维的 Richards 方程，模拟非饱和带的土壤水分运动，时间步长取为 1h。有限插分方法通常分为直接法和间接法；在精确的模拟中，通常需要间接方法；然而间接方法通常需要复杂的计算和大量时间，难以应用在大型流域中。

本模型中，使用修正的直接方法来求解一维土壤水分运移。图 4.6 表示了有限差分方法，其中 n 代表时间步长，j 表示深度。式（4.39）在 (i, j) 处引申的表示方法见式（4.40）。

$$
\frac{\theta_j^n-\theta_j^{n-1}}{\Delta t}=-\frac{q_j^{n-1}-q_{j-1}^{n-1}}{\Delta z}+s_j^{n-1}
\tag{4.40}
$$

其中

$$
q_j^{n-1}=-K_{j+\frac{1}{2}}^{n-1}\frac{\varphi_{j+1}^{n-1}-\varphi_{j+\frac{1}{2}}^{n-1}}{\Delta z}+K_{j+\frac{1}{2}}^{n-1}
\tag{4.41}
$$

$$q_{j-1}^{n-1} = -K_{j-\frac{1}{2}}^{n-1} \frac{\varphi_j^{n-1} - \varphi_{j+\frac{1}{2}}^{n-1}}{\Delta z} + K_{j-\frac{1}{2}}^{n-1}$$
$$(4.42)$$

为了防止差分情景带来的数值误差随着时间步长不断计算而累积，有必要确定一定条件以获得稳定的解决方案。对于抛物线型方程（D 是某一常数），稳定态方程条件为

$$\frac{\Delta t}{\Delta x^2} \leqslant 0.5/D \qquad (4.43)$$

Lei 等（1998）建议 Richards 稳定态方程的条件为

$$\frac{\Delta t}{\Delta x^2} \leqslant 0.5/D_{max} \qquad (4.44)$$

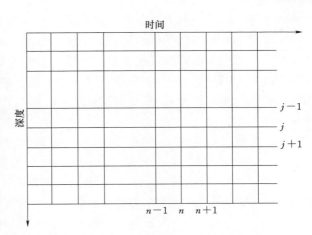

图 4.6　非饱和区土壤水运移的数值计算方法

式中：D_{max} 为最大土壤扩散率。

除了稳定条件，还要保证各计算步长时的水量平衡。

（3）初始状态与边界条件。

没有原位观测资料，很难直接确定真实的初始状态。通常通过一段时间的预热来确定土壤初始状态。

上边界条件通常分为两种类型：①一个步长内稳定的降雨输入；②积水状态。对于第一种边界条件，式（4.39）的引申方程为

$$\frac{\theta_1^n - \theta_1^{n-1}}{\Delta t} = -\frac{q_1^{n-1} - r^n}{\Delta z} + s_1^{n-1} \qquad (4.45)$$

对于第二种情况：

$$\theta_1^n = \theta_s, \varphi_1^n = \Delta z + d \qquad (4.46)$$

式中：d 为积水深。

下边界条件为稳定水头条件。

（4）源汇项。

对于一维垂直区域，只有来自蒸发的汇（第一层）和蒸腾的汇（根层）。

多年平均土壤饱和度的空间分布特征总体上与青海省多年平均降雨分布特征具有高度相关性。年降水量较高的区域，年均土壤饱和度往往也较高。将年均土壤饱和度与年均降水量进行相关性分析，可得出相关系数 R^2 为 0.523，说明年均土壤饱和度的大小与年降水量高度相关。土壤饱和度与降雨的关系并非完全对应，年降水量接近的区域土壤饱和度也可能较低。可以发现年均土壤饱和度在临近的网格处的波动偏差明显大于降水，说明土壤饱和度除受降雨控制外还受其他因素影响。

4.3.2.2　青海省土壤含水量主要影响参数分析

如前所述，非饱和土壤水模拟是土壤含水量模拟的重要环节，模型中，采用 Van Genuchten 方程（V-G 方程）表示土壤含水量与土壤吸力 $\Psi(\theta)$ 之间的关系，该方程中，

许多参数与土壤类型相关，需要试验确定（见 4.3.2.1 节）。

土壤信息数据（包括土壤饱和含水量、残余含水量、饱和水力传导系数、参数 n、参数 α 等）采用《面向陆面过程模型的中国土壤水水分数据集》提供的信息，其数据网格精度为 90m，原始数据以 nc 文件格式储存，用户需要自行处理后才能得到 ArcGIS 可识别的栅格数据。重采样至 Lambert 坐标下 1km 精度。V-G 方程计算土壤水分特征曲线将用到这些数据。

通常土壤在垂直分布上不是恒定的。土壤水力传导系数的垂直分布通常用指数衰减方程来表示。土壤水力传导系数随土层深度的增加而指数减少：

$$K_s(n) = K_0 e^{-fn} \tag{4.47}$$

式中：K_s 为 n 深处的饱和水力传导系数；n 为根据坡度标准化后的土壤深度，向下为正；K_0 为表层的饱和水力传导系数；f 为参数。土壤层很可能是各向异性的，这种各向异性部分是由于大孔隙的分布。大孔隙通常平行于山坡分布。对于各向异性土壤，各向异性率 α_r 通常定义为

$$\alpha_r = \frac{K_{sp}}{K_{sn}} \geqslant 1 \tag{4.48}$$

式中：K_{sp} 和 K_{sn} 分别表示垂直（n）或平行于（p）山坡方向的饱和水力传导系数。

4.3.2.3　逐日土壤含水量动态模拟成果与检验

本项研究中得到了 2011—2016 年青海省范围内 1km×1km 网格的逐日土壤含水量。以青海省 2013 年 8 月 6—9 日土壤含水量（见图 4.7）为例，分析 30cm 深度范围内的平均土壤含水量时空特征。分布图如图 4.8 所示。

可以看出，总体上青海省土壤含水量呈现出"南部和东部稍高，西北部沙漠地区较低"的特征，土壤饱和度由西北向东南逐渐增大趋势。西南及东南地区土壤饱和度总体较高，多年平均土壤饱和度大多在 0.6 以上，部分地区甚至达到 0.8 左右，在青海省 26 个山洪灾害防治县土壤含水量整体较高，极易产生山洪灾害。西南及东南地区在 5—10 月土壤含水量饱和度为 0.6~0.8，土壤含水量较大，且变化较大，主要原因是受降雨影响较大，土壤含水量与降雨分布特征具有高度相关性；在 10—12 月，土壤含水量呈现较为平稳趋势，在 1—4 月土壤含水量呈现下降趋势。青海湖南部地区及西北沙漠地区多年平均土壤饱和度相对较低，多为 0.1~0.4，少数地区可低至 0.1 甚至更低。

4.3.3　典型流域动态预警指标计算

4.3.3.1　动态预警指标计算理论方法

动态预警指标计算主要基于分布式水文模型，以实时土壤含水量计算为核心，根据临界径流深模型得到实时的临界降雨量值，通过滚动比较不同时段的临界降雨量与多源降雨数据（地面观测站实测降雨、雷达测雨、数值天气预报值等），考虑是否发布山洪预警信息。主要模块包括临界径流深模型（离线计算）、土壤含水量模型（实时计算）和山洪预警模型。

实时动态预警数据源主要包括山洪灾害调查评价成果，多源降雨数据。临界径流深根据山洪灾害调查评价成果（$Z_{灾}$、Z_p、Z-Q，分布式单位线等）和分布式水文模型求得；

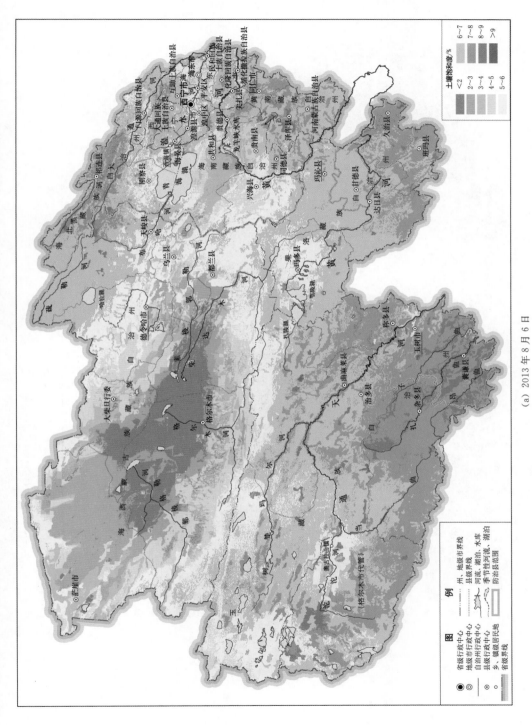

(a) 2013 年 8 月 6 日

图 4.7（一）　逐日土壤含水量动态模拟成果示例

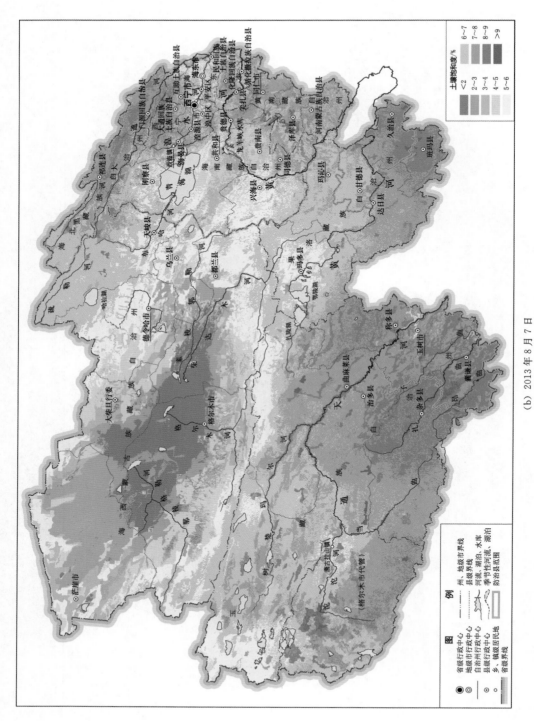

(b) 2013 年 8 月 7 日

图 4.7（二）　逐日土壤含水量动态模拟成果示例

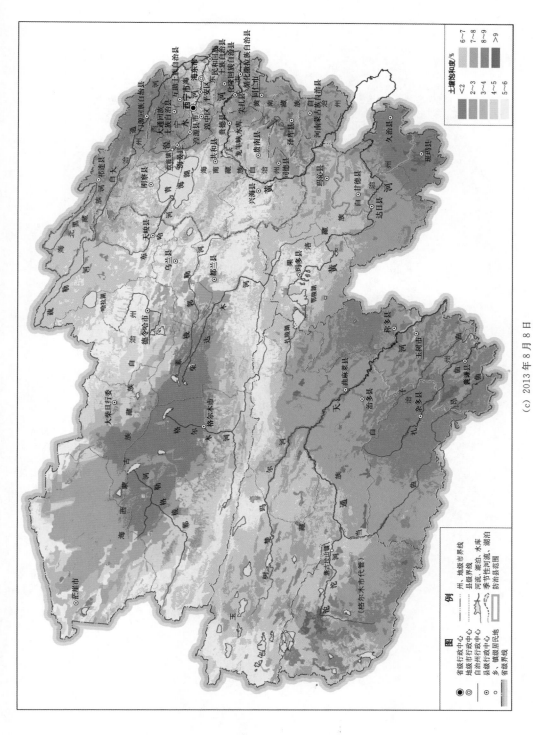

（c）2013 年 8 月 8 日　逐日土壤含水量动态模拟成果示例

图 4.7（三）

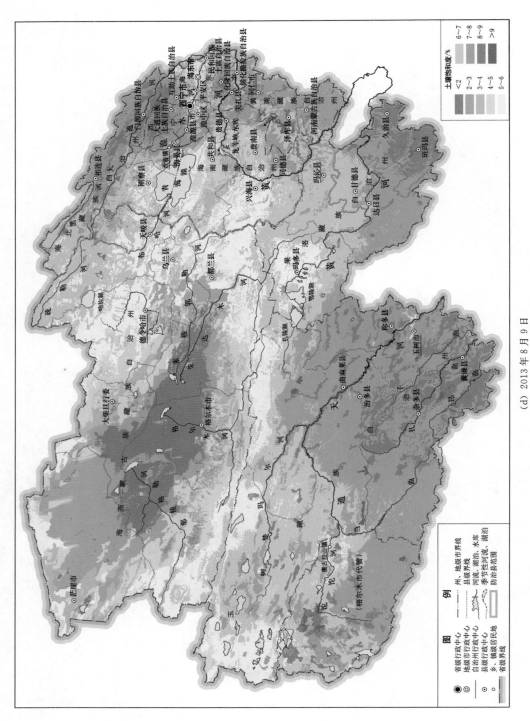

（d）2013年8月9日

图4.7（四） 逐日土壤含水量动态模拟成果示例

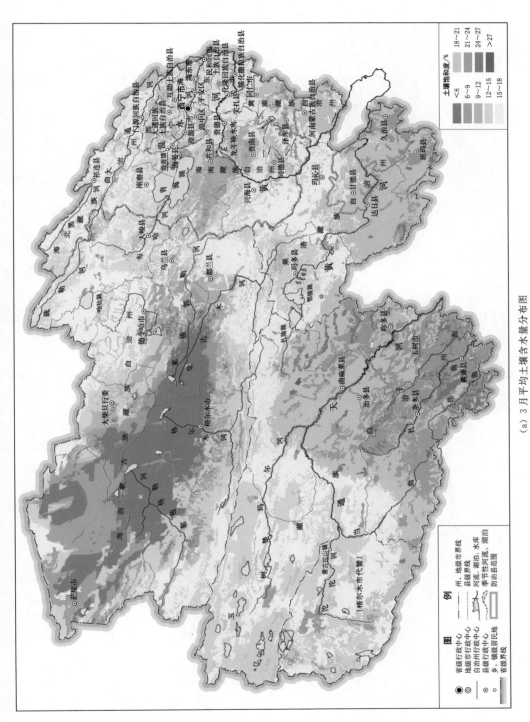

（a）3 月平均土壤含水量分布图

图 4.8（一） 青海省月平均土壤含水量分布图

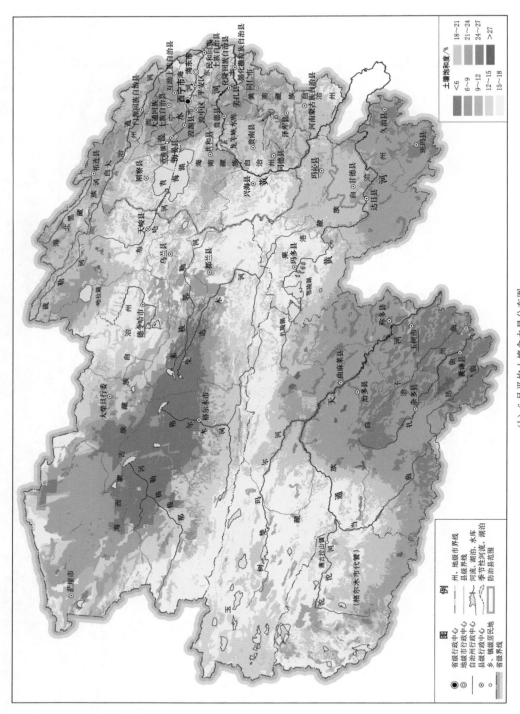

(b) 6 月平均土壤含水量分布图

图 4.8（二）　青海省月平均土壤含水量分布图

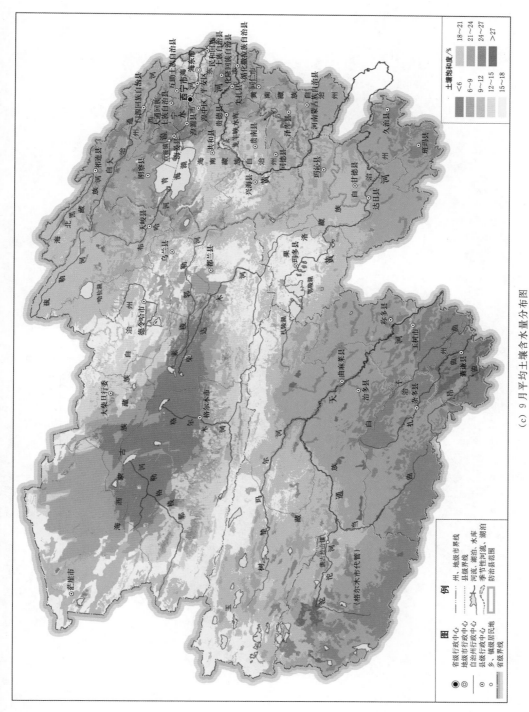

(c) 9 月平均土壤含水量分布图

图 4.8 (三) 青海省月平均土壤含水量分布图

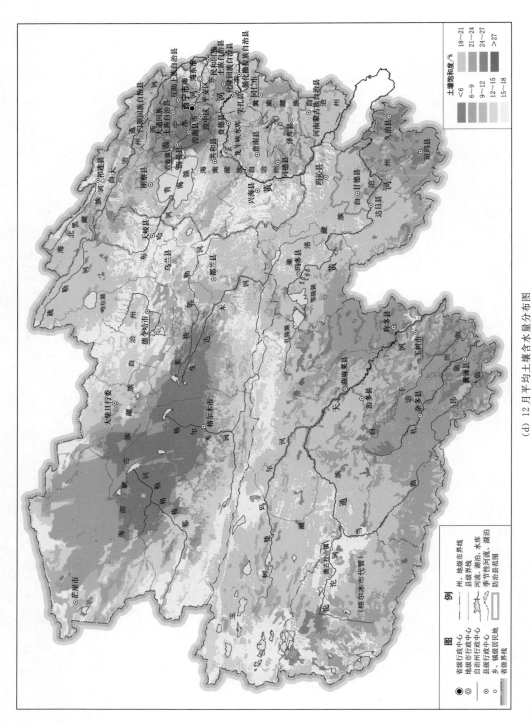

(d) 12月平均土壤含水量分布图

图 4.8（四） 青海省月平均土壤含水量分布图

土壤含水量采用计算选择 4.3.2 节中土壤水动力学模拟计算方法和前期影响雨量图法、蓄满产流模型法、超渗产流模型法、混合产流模型法等多种方法计算得到的数据。山洪预警模型是将反推的不同时段长的实时临界降雨量 P_c，与多源降雨数据 P_t 比较，生成预警信息（见图 4.9）。显然，该方法对数据的要求较高，主要需要雨量、地形以及水文等资料。需要专门的支撑平台，计算较为复杂。但因地制宜的结合了当地信息，适用范围大，是山洪预警发展的重要方向，具有重要的应用前景。

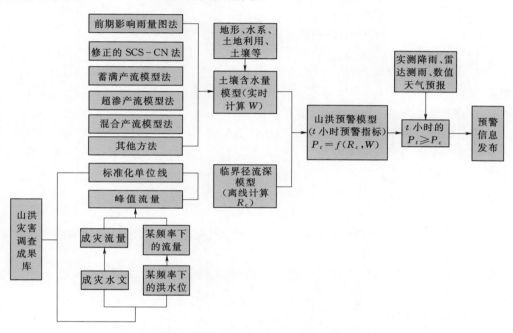

图 4.9　实时动态预警计算流程图

4.3.3.2　青海省典型流域动态预警指标计算

1. 分布式水文模型

产汇流计算，并沿汇流河道演算至下游控制断面出口，最后求得出口断面流量。分布式水文模型分为产流、坡面汇流以及河道汇流演进三部分基本结构。

产流是指由降水推求净雨的过程，本书选取了初损后损法和格林-安普特法进行产流计算，模型原理如下：

（1）初损扣损法。初损后损法将降雨损失简化为初损和后损两个阶段。产流前的总损失水量称为初损，用降雨初损量 I_a 表示。后损是指产流后的下渗损失，由下渗率 f_c 表示，其中净雨量 P_{et} 计算公式（4.49）为

$$P_{et}=\begin{cases} 0 & \sum P_i < I_a \\ P_t - f_c & \sum P_i > I_a, P_t > f_c \\ 0 & \sum P_i > I_a, P_t < f_c \end{cases} \tag{4.49}$$

式中：P_t 为 $t-t+\Delta t$ 时段面平均雨量；P_i 为累积面雨量。

（2）格林-安普特法。

该方法的原理是假定水流以活塞形式下渗到土壤，在湿润和未湿润区之间存在一个湿润锋面，且湿润锋面与表层土壤都处于饱和状态，同时湿润锋面存在一个不变的吸力 s_f，以初损表示径流形成前的截留和填洼，满足初损后，使用式（4.50）计算降雨损耗，时段内平均面雨量与降雨损失的差值即为净雨量。

$$f_t = K\left[\frac{1+(\varphi-\theta_i)s_f}{F_t}\right] \tag{4.50}$$

式中：f_t 为 t 时段的降雨损耗；K 为有效水力传导率；φ 为土壤饱和含水量；θ_i 为土壤初始含水量；$\varphi-\theta_i$ 为湿度亏空体积；s_f 为湿润锋面吸力；F_t 为时刻累积入渗量。

（3）汇流模型。

坡面汇流则是指水体在坡面上的汇流过程。本书采用地貌瞬时单位线方法，其本质是寻找水质点等待时间的概率密度函数来解释汇流过程。其中一级流域、二级流域及三级流域有着不同的汇流公式，但基本可归结为公式（4.51）。

$$h(t) = f_B(t) \tag{4.51}$$

式（4.51）表明，流域瞬时单位线 $h(t)$ 与水质点在流域内的等待时间的概率密度函数 $f_B(t)$ 等价。

河网汇流是指水流由坡面进入河槽后，继续沿河槽的汇集过程。运动波法不考虑回水，计算简单。

（4）河道演进模型。

其模拟河道汇流演算过程是通过求解有限差分的连续方程和简化动量方程来实现，需要的数据有河道断面形状、河道尺寸、边坡系数、长度和曼宁系数等，其中尺寸等物理参数可以通过地图提取，而曼宁系数可以通过不同的土地利用类型进行估计，其计算公式见式（4.52）：

$$\left.\begin{array}{l} \dfrac{\partial Q}{\partial x}+\dfrac{\partial \omega}{\partial t}=q \\[3mm] I_0=\left(\dfrac{V}{m_1 R^{2/3}}\right)^2 \end{array}\right\} \tag{4.52}$$

式中：I_0 为水面比降；V 为断面平均流速；$\dfrac{\partial Q}{\partial x}$ 为洪水波传播流量的沿程变化；$\dfrac{\partial \omega}{\partial t}$ 为河槽断面积随时间的变化；m_1 为河槽粗糙系数；R 代表断面水力半径；q 则为河槽两侧坡面的平均供水强度。

2. 典型小流域基本情况

清水流域为清水水文站上游流域，位于循化撒拉族自治县，由 49 个山丘区小流域组成，总集水面积共 689km²。流域内共有 1 个水文站，2 个雨量站，分别为白庄雨量站、道帏雨量站和清水水文站。利用全国统一下发的山洪灾害调查评价基础工作底图数据，利用自主研发的小流域洪水分析软件，对清水流域进行了小流域划分，共划分 49 个小流域单元，利用 4.3.1 地貌水文响应单元划分方法，得到清水流域下垫面及地貌水文响应单元，见图 4.10。

（a）清水流域的小流域分布

（b）清水流域的土壤类型分布图

（c）清水流域的土地利用与植被分布

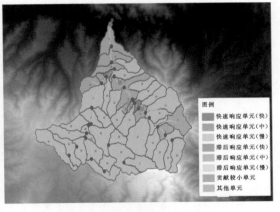

（d）清水流域的地貌水文响应单元

图 4.10　清水小流域及下垫面条件分布图

3. 动态预警指标计算

采用分布式水文模型和动态预警指标计算方法，对清水小流域内的重点沿河村落动态预警指标进行计算，清水小流域沿河村落分布见图 4.11，以清水小流域重点沿河村落王家村为例介绍动态雨量预警指标计算，下家村动态临界雨量（即立即转移预警指标）计算结果见图 4.12。

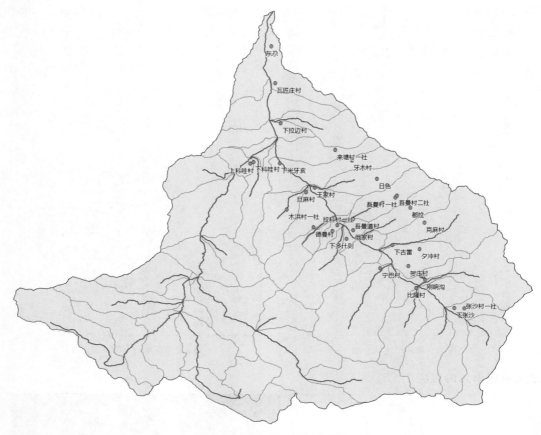

图 4.11　清水流域沿河村落分布图

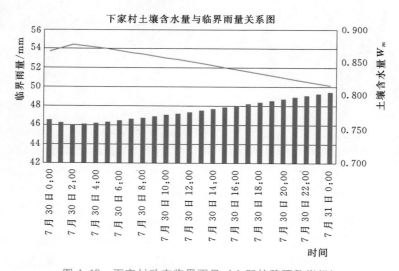

图 4.12　下家村动态临界雨量（立即转移预警指标）

4.4 本章小结

本章介绍了青海省山洪灾害预警指标体系构建的情况。根据项目大批量实施要求和资料基础及条件，主要是根据设计状态（设定的典型短历时、流域土壤含水量）下的要求，分析计算静态预警指标，建立覆盖青海省全部山洪灾害防治区的雨量预警指标体系。同时，也在流域地貌水文响应单元划分及土壤含水量动态变化等方面做了一些基础性探索，以期后续条件成熟时采用降雨预报等动态雨量作为模型输入信息，实现山洪动态预警。

（1）山洪预警包括雨量预警与水位预警两大类；预警指标分为准备转移指标和立即转移指标 2 级；雨量预警指标包括时段和雨量两方面信息。因此，临界雨量与临界水位的分析是预警指标构建的基础工作。临界雨量分析的基本思路为基于预警水位对应的流量，反推临界雨量的有关信息，即根据水位流量关系或者采用曼宁公式等水力学方法，将预警水位转化为相应的流量，根据暴雨洪水分析方法，用以反推相应的洪水和暴雨信息，进而获得临界雨量信息。预警指标通过确定预警时段、分析流域土壤含水量、计算临界雨量、综合确定预警指标 4 个步骤分析得到。项目针对青海省 1351 个典型沿河村落进行了雨量预警指标分析，构建了青海省雨量预警指标体系。

（2）本章提出了青海省小流域地貌水文响应单元的划分理论与标准，研究了不同地貌水文响应单元的对应产流机制，绘制完成了基于地貌水文响应单元的山丘区产流分区图。项目开展了青海省土壤含水量动态模拟，给出了青海省 1km×1km 网格的 30cm 深的逐日土壤含水量数据产品。在此基础上，开展了基于分布式水文模型的小流域沿河村落动态预警指标计算理论和方法研究为青海省山洪灾害预警指标确定提供了新方法和新技术。

第 5 章

监 测 预 警 体 系

在项目实施之前，青海省山洪灾害监测预警基本上一片空白。其原因一是监测站点极为稀疏，只有少量属于气象和水文部门的自动雨量和水文监测站，无法有效监测局地暴雨，而且与县级防汛指挥部没有实现信息共享；二是省、市、县没有网络连接，无法实时共享各类监测和预警信息；三是在山洪灾害防御的主体与前沿，也就是各县不具备指挥决策和预警能力，缺乏预警发布手段，"眼不明、耳不聪、声不至"，对于山洪灾害，只能是被动应对。

通过青海省山洪灾害主动防御体系的构建，我们研制了适用于山洪灾害易发区的信息自动采集、网络快速传递、信息自动分析处理决策支持、科学预警预防于一体的山洪灾害监测预警体系：①在山洪灾害防治区建设了 1001 处自动雨量监测站点、87 处自动水位监测站、87 处视频站、58 处图像站，共享气象水文等部门 299 个站点，基本建成了山洪灾害防治区的监测网络，实现了对暴雨、山洪的及时准确监测，有效增加了山洪灾害防治区站网密度，初步解决了青海省山洪灾害防御缺乏监测手段和设施的问题；②建成了纵贯省、市（州）、县、乡（镇）的计算机网络和视频会商系统，为实现中央、省、市（州）、县级甚至于到乡雨水情信息和预警信息共享共用、互联互通打下了网络基础；③建成了青海省级、8 个市（州）级、26 个县（市、区）级监测预警平台并延伸至 274 个乡镇。雨水情等基础信息可及时入库、汇集，共享水文监测站点和部分气象监测站点信息，实现了自动监测、实时监视、动态分析、统计查询、在线预警等功能，有效提高了各级防汛部门对暴雨山洪的监测预警水平，提高了预警信息发布的时效性、针对性、准确性。

青海省山洪灾害监测预警体系由雨水情监测系统、信息汇集与预警平台、预警发布等子系统构成。

5.1 监测预警体系建设要求与内容

5.1.1 建设要求

运用雨量及水位监测、视频图像监测、计算机、通信网络、WebGIS、数据库等技术，按照 B/S 体系架构，逐步建成省、市、县级山洪灾害数据接入建设、省市级预警平台软件、数据库系统及系统集成建设；由下向上逐级汇集监测预警平台的实时监测预警等各类信息，对汇集的数据进行分析整理、汇总统计、共享上报，为青海省、州（市）、县、乡镇级防汛及有关部门及时掌握情况，监测预警，有效减轻山洪灾害损失，了解山洪灾害防御态势，提供切实支持。青海省监测预警体系架构如图 5.1 所示。

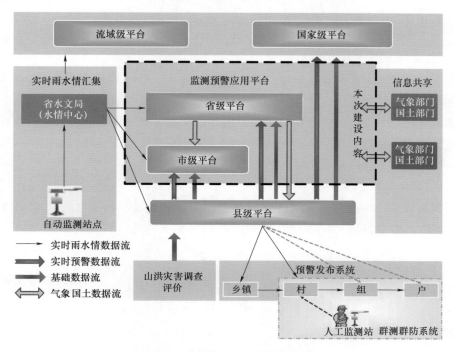

图 5.1　青海省监测预警体系架构

监测预警体系建设应满足以下原则：

（1）可靠性：从硬件和软件两个方面保证系统运行的可靠性和安全性。硬件底层采用性能良好的计算机网络通信设备，软件系统制定严格的权限安全体系，确保不被非法窃取。同时要做到数据的实时备份，保证系统安全可靠地运行。

（2）实用易用性：需要充分考虑山洪灾害防御的实际工作需要，以及村、乡、县、市、省各级技术水平相差非常明显，以及青海省民族构成复杂的实际情况，监测预警软件系统应当充分考虑这些特点进行设计，力求软件界面友好，结构清晰，流程合理，功能一目了然，菜单操作以充分满足用户的视觉流程和使用习惯为出发点，保证系统易理解、易学习、易使用、易维护、易升级。

（3）先进性：在设计思想、系统架构、采用技术上均采用国内外已经成熟的技术、方法、软件、硬件设备等，确保系统有一定的先进性、前瞻性、扩充性，符合技术发展方向，延长系统的生命周期，保证建成的系统具有良好的稳定性、可扩展性和安全性。

（4）高效性：考虑到山洪预警工作的快速、紧急性，本系统要求运行、响应速度快，各类数据组织合理，信息内容翔实，信息查询、更新顺畅。同时系统不因运行时间长、数据量不断增加而影响速度。

（5）标准化与开放性：山洪灾害监测预警信息管理系统开发过程中遵循统一的标准规范，做到顺畅整合，统一标准；同时系统具有良好的扩展接口，对后续新增和改造预留灵活、开发的接口。

5.1.2　建设内容

5.1.2.1　雨水情自动监测子系统

在整个山洪灾害主动防御体系中，自动监测系统是支撑整个防御体系的基础。通过建设实施水雨情自动监测系统，扩大了山洪灾害易发区水雨情收集的信息量，提高了水雨情信息的收集时效，为山洪灾害的预报预警、做好防灾减灾工作提供准确的基本信息。自动监测系统实施内容包括了水雨情监测站网布设、信息采集、信息传输通信组网、设备设施配置等。信息接收主要由县级山洪灾害监测预警平台完成。

5.1.2.2　信息网络体系及系统硬件

采用信息技术，将水利信息网络延伸到山洪灾害易发县，构建县级信息网络预警平台；将异地防汛会商视频会议系统延伸到山洪灾害易发乡镇，构建乡镇级异地防汛指挥系统。

5.1.2.3　预警信息发布子系统

省统一配置预警短信平台，每县设立子端口，县预警信息通过水利网到省，通过设立的各县短信子端口发送到相关预警人员。本模块实现预警断面的定义及设置、预警指标管理、预警方法库、预警流程与功能支持、应急响应、传真预警发布 6 项子功能。

5.2　雨水情自动监测系统

在整个山洪灾害主动防御体系中，自动监测系统是支撑整个防御体系的基础。通过建设实施水雨情自动监测系统，扩大了山洪灾害易发区水雨情收集的信息量，提高了水雨情信息的收集时效，为山洪灾害的预报预警、做好防灾减灾工作提供准确的基本信息。自动监测系统实施内容包括了水雨情监测站网布设、信息采集、信息传输通信组网、设备设施配置等。信息接收主要由县级山洪灾害监测预警平台完成。

2010—2015 年，青海省山洪灾害主动防御体系构建项目在 8 个市（州）26 个山洪灾害防治县（市、区）共建设了自动雨量站 1001 处、自动水位站 87 处、图像站 58 处、视频监测站 87 处。此外共享气象测站 299 处、共享已建的水文监测站点 35 处（见表 5.1）。

5.2.1　站网布设原则

5.2.1.1　自动雨量站布设

自动雨量站布设原则如下：

表 5.1　　　　　　　　　　　　　　　自动监测站点统计表

序号	县名	建 设 站 点				共享水文测站数量/处	共享气象站数量/处
		自动雨量站数量/处	自动水位站数量/处	图像监测站/处	视频监测站/处		
全省合计		1001	87	58	87	35	299
1	西宁市辖区	28		1	1	6	8
2	大通县	51	9	4	3		10
3	湟中县	37	10	4	9	1	15
4	湟源县	52	5	4	3	2	12
5	平安区	32	2	2	3	1	10
6	民和县	38	4	4	5	1	12
7	乐都区	43	3	4	4		11
8	互助县	47	2	5	2		13
9	化隆县	46	3	1	4	1	11
10	循化县	47	3	3	4	2	10
11	门源县	54	8	1	1	3	12
12	祁连县	32	2	6	3		15
13	海晏县	25	2	1	3	1	12
14	刚察县	29	2		2	1	11
15	同仁县	53		3	1	1	10
16	尖扎县	32	3	3	4		11
17	泽库县	34		1	1		9
18	共和县	33	4		5		19
19	同德县	34	3	2	4	2	10
20	贵德县	45	4	2	5		12
21	兴海县	45	4		5	3	13
22	贵南县	30	4	3	3		12
23	甘德县	36	2	1	2		10
24	久治县	30	3	1	3	1	9
25	玉树县	33	1	2	3	3	11
26	囊谦县	35	4		4	3	11

（1）分区控制原则：依据山洪灾害易发程度降雨分区，原则上按照 $20\sim100km^2$/站的密度布设自动雨量监测站；在高易发降雨区、人口密度较大的山洪灾害频发区适当加密站点。

（2）流域控制原则：布设自动雨量监测站点优先考虑山区的中小流域，站点尽量安装在流域中心、暴雨中心等有代表性的地段，要避开雷区。

（3）地形控制原则：山区降雨受地形的抬升作用，布设自动雨量站时充分考虑地形因素的作用。

（4）易于实施原则：站网布设充分考虑通信、交通等运行管理维护条件。

（5）充分利用现有资源原则：已有的水文、气象等部门雨量监测信息纳入县级监测预警平台。

5.2.1.2 自动水位监测站布设

自动水位监测站布设原则如下：

（1）面积超过 $100km^2$ 的山洪灾害严重的流域，且河流沿岸为县、乡政府所在地或人口密集区、重要工矿企业和基础设施的，布设自动水位监测站。

（2）对于下游有居民集中居住的水库没有水位监测设施的，适当增设水位监测设施。

（3）水位站布设地点应考虑预警时效、影响区域、控制范围等因素综合确定，尽量在山洪沟河道出口、水库坝前和人口居住区、工矿企业、学校等防护目标上游。

（4）站网布设时应考虑通信、交通等运行管理维护条件。

（5）已有的水位监测站监测信息应进入县级监测预警平台。

5.2.1.3 图像站、视频站布设原则

在受山洪灾害威胁影响较大的集镇、村落等重点河段、桥头、重要中小型水库等重要部位部署图像、视频监测站，实时监控山洪灾害发生发展情况和人员转移避险行动情况。

5.2.2 监测站设备技术要求

5.2.2.1 自动雨量站

自动雨量站技术要求如下（见图 5.2～图 5.4）：

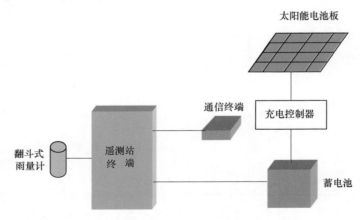

图 5.2 自动雨量监测站设备组成结构示意图

图 5.3 西宁市城北区大堡子镇礼让　　图 5.4 互助县巴扎乡抓什究村
　　　　渠村自动雨量站　　　　　　　　　　　自动雨量站

（1）承雨口内径为 $\phi 200^{+0.6}$mm。

（2）分辨率：根据年平均降雨量确定，可选 0.2mm 或 0.5mm。

（3）雨强测量范围 0～4mm/min（允许通过最大雨强 8mm/min）。

（4）测量精度：根据不同分辨率雨量传感器的自身排水量确定，总体不超过 ±4％。

（5）工作环境：温度 -10～50℃，湿度小于 95％（40℃）。

（6）平均无故障工作时间不小于 16000h。

5.2.2.2　自动水位站（雷达式）

自动水位站（雷达式）技术要求如下（见图 5.5～图 5.7）

（1）量程：0～20m。

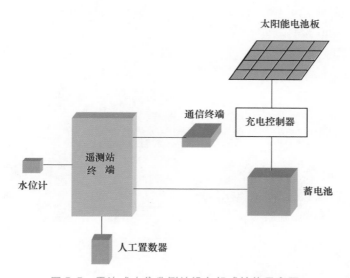

图 5.5　雷达式水位监测站设备组成结构示意图

图 5.6　大通县景阳水库自动
水位监测站

图 5.7　互助县前头沟水库自动
水位监测站

（2）模拟信号输出：4～20mA。

（3）数字信号输出：RS-485。

（4）工作频率：26GHz。

（5）分辨率：1mm（全量程）。

（6）精度：3mm。

（7）测量原理：脉冲式。

（8）发射角度：5°。

（9）工作温度：-40～80℃。

（10）电源：12VDC 或 24VDC。

（11）尺寸：直径 116mm，长度 245mm、392mm、606mm。

（12）材料：20m 塑料外壳，IP66。

（13）重量：1.1kg。

5.2.2.3　图像站、视频站

1. 主要功能

主要功能如下：

（1）能够自动采集图像、雨量、水位等数据。

（2）支持远程唤醒、远程诊断、远程设置、远程维护等功能。

（3）内嵌防雷模块，具备良好的抗雷击功能。

2. 主要技术指标

主要技术指标如下（见图 5.8～图 5.10）。

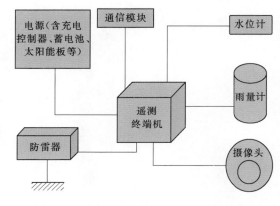

图 5.8　图像、视频监测站结构图

图 5.9 大通桥头镇东峡河图像站 图 5.10 祁连县八宝镇八宝河视频站

（1）直流 12V/100AH 蓄电池供电，太阳能电池板充电。

（2）工作温度：-30～75℃，湿度：0%～90%。

（3）摄像头：像素≥130 万、JPEG 格式图像、分辨率为 640×480、视觉角度 70°、拍照距离 200m 以内清晰。

（4）数据传送方式：GPRS/GSM。

（5）通信接口：具备 4 个通用 RS485 通信接口，一个开关量接口。

（6）防雷性能：最大持续工作电流 2A、标称工作电 12V、标称放电电流 40kA、最大放电电流 100kA，瞬间最大过电压 10kV，响应时间：≤1ns。

5.2.2.4 遥测终端（RTU）

1. 主要功能

主要功能如下：

（1）可外接增量式（翻斗式）雨量传感器、水位传感器；实现 GPRS、GSM 等多种方式的发送和接收传输功能，支持多中心发送和主备信道自动切换。

（2）具有定时自检发送、死机自动复位、站址设定、掉电数据保护、实时时钟校准、直观现场显示和设备测试等功能。

（3）支持休眠唤醒工作方式；能够通过软件设置和远程设置数据传输体制、数据报送频次等；所有外部接口具有光电隔离能力。

（4）能存储 1 年的原始水情数据，RTU 固态存储器容量不小于 4MB；可接受分中心管理，与分中心实现双向通信；支持远程诊断、远程设置、远程维护等。

（5）可选配 USB 接口和不小于 1GB 容量 SD 存储卡。

2. 主要技术指标

主要技术指标如下：

（1）供电方式：蓄电池或锂电池向设备供电，太阳能电池板浮充供电。

（2）值守功耗：小于等于 2mA（电池电压 12V 时）。

（3）设备平均无故障工作时间：MTBF＞25000h。

（4）工作温度：－40～75℃，湿度：0％～90％。

5.2.2.5　电源及防雷

1. 电源

自动监测站采用太阳能浮充蓄电池或锂电池方式供电，电源配置应满足 1 个月连续阴雨天气正常供电。根据自动监测站采用的通信方式不同，其电源基本配置方案和主要设备技术指标如下：

（1）电源基本配置方案如下：

1）采用 GSM/GPRS 通信信道组网的自动监测雨量站，其电源配置方案为：每个测站配置 12～16AH/（3.6～6V）锂电池或 12V 蓄电池，3～6W 太阳能板和太阳能充电控制器。

2）自动监测水位站的电源配置方案为：对采用浮子式水位计，每个站配置（38～65）AH/12V 蓄电池，20～30W 太阳能板和太阳能充电控制器。

3）多要素监测设备的电源配置方案为：每个站配置 12AH/6V 蓄电池，30W 太阳能板和太阳能充电控制器。

4）图像动态监测设备的电源配置方案为：每个站配置 100AH/12V 蓄电池，40W 太阳能板和太阳能充电控制器。

（2）主要设备技术指标如下：

1）电池采用铅酸免维护可充电蓄电池或锂电池。对于高寒地区，应选用耐低温的蓄电池或锂电池。

2）太阳能板采用单晶硅太阳能电池组件，最大工作电压为 17V，开路电压为 21V。

3）充电控制器电压为 3.6～12VDC，最终充电电压为 13.8V，工作环境温度为－25～50℃。

2. 防雷

防雷系统包括避雷针、引下线及接地地网。

天线、站房等位于避雷针 45°角以下的安全区内，地网接地电阻达到＜10Ω 指标。如采用 VHF 通信信道的应安装同轴避雷器。室外信号传输电缆均采用屏蔽电缆，电缆用 ϕ50 的镀锌管套护，采用沟埋方式，防止数据信号线引雷。信号线缆与 RTU 设备连接端应安装信号避雷器。

有关避雷器主要技术指标如下（见图 5.11）：

（1）信号避雷器：U_{min} 为 12V，U_{max} 为 18V，应用为 RS232，保护脚为 1～9 脚，最大容通电流为 340A，动作时间小于 10ns，电容小于 30pF。

（2）同轴避雷器：频率范围为 DC500MHz，最大承受功率为 400W，电压驻波比小于 1.1VSNR，放电开始电压、电流、次数分别为 DC350V±20％、500A、500 次以上，阻抗为 50 Ω，反应时间为 50ns，输入损耗小于 0.1dB。

5.2.3　信息流程

青海省山洪灾害主动防御体系自动监测站发送水雨情信息流程是将雨水情信息发送到县级监测预警平台，通过水利系统计算机网络发送到省、市（州）防汛部门（见图 5.12）。

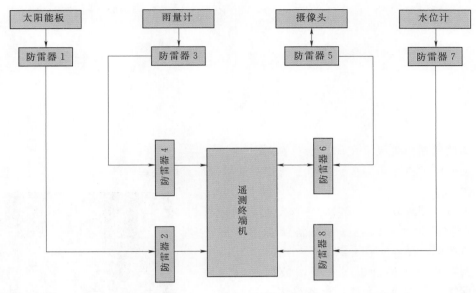

图 5.11　防雷器接线示意图

5.2.4　信息传输通信网选择

5.2.4.1　信息传输方式

水雨情数据传输常用的通信方式有 GSM/GPRS 等。信息传输通信网从青海山洪灾害监测工作实际出发，主要针对系统中的自动监测站的数据传输通信网络进行设计。

5.2.4.2　通信资源调查

对自动监测站点所在地进行公网资源调查，重点调查公网通信方式（GPRS/GSM），对不同电信运营商提供的通信资源进行总体评价。

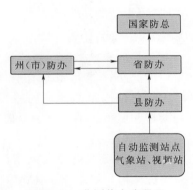

图 5.12　监测信息流程图

5.2.4.3　传输方式选择原则

传输方式选择原则如下：

（1）优先使用公网资源。对于有公网覆盖的地区，优先选用公网进行组网（GPRS/GSM），对于公网未能覆盖的地区，一般选用卫星或超短波等通信方式进行组网。

（2）保障重点。对于重要监测站且有条件的地区，可选用两种不同通信方式予以组网，实现互为备份、自动切换的功能，确保信息传输信道的畅通。

5.2.4.4　主要设备技术指标

GPRS/GSM 模块技术指标如下：

（1）工作频率：支持双频 GSM/GPRS，符合 ETSIGSMPhase2＋标准。

（2）协议：支持 TCP/IP，标准的 AT 命令集。

（3）发射功率：2W（900MHz）/1W（1800MHz）。

（4）功耗（mA@12V）：不大于 150mA（工作），不大于 10mA（空闲）。

（5）电源：5～35V。

（6）频率误差：不大于 0.1ppm。

（7）数据接口：RS232/RS485；

（8）工作温度：－25～60℃。

5.2.5　监测站点管理

自动监测站由省级水文部门统一编码。

自动监测站点水雨情信息通过数据接收前置机的接收处理软件完成信息实时接收及处理（见图 5.13）。

数据接收处理软件应可以对各自动监测站运行状态进行监控，对水雨情数据和设备状态信息进行分析，可直接修改站点运行参数。

数据接收处理硬件设备主要由数据接收通信设备、数据接收处理设备和维护设备组成。

5.2.6　监测站环境要求

5.2.6.1　雨量站监测场地选择

有条件的雨量站按《降雨量监测规范》（SL 21—90）标准选择，能利用原有监测场的利用原有监测场。不具备建雨量监测场的站，宜采用一体化结构，利用架杆和屋顶、平台等予以监测。场地选择应注意以下几个方面：

图 5.13　西宁城区山洪灾害监测预警数据接收前置机

（1）监测场地避开强风区，其周围应空旷平坦，不受突变地形、树木和建筑物以及烟尘等的影响。

（2）监测场不能完全避开建筑物树木等障碍物的影响时，要求雨量计离开障碍物边缘的距离至少为障碍物高度的 2 倍。

（3）在山区监测场不宜设在陡坡上或峡谷内，要选择相对平坦的场地。

（4）在有障碍物处设立杆式雨量计，应设置在当地雨期常年盛行风向过障碍物的侧风区，杆位离开障碍物边缘的距离至少为障碍物高度的 1.5 倍。

5.2.6.2　水位站监测环境

水位站监测环境主要是指监测河段的选择和基础设施。

5.2.6.3　监测河段选择

水位站设站位置按照上下游防洪需求和地质条件综合确定后，测验河段应按规范要求选择在河道顺直、河床稳定和水流集中的地方；而基本水尺断面则应设在顺直河段的中间，并与流向垂直。

水位测井应设置在岸边顺直、水位代表性好，不易淤积，主流不易改道的位置，并应避开回水和受水工建筑物影响的地方。

5.2.6.4　监测基础设施

自动水位监测站根据实际情况选用合适水位计进行水位监测。对已建水位井，或拟采用斜管式、竖管式等方式建水位井的监测站可选用浮子式水位计；不能建井的测站，视河流及水情特点可配备压力式、超声式、雷达式水位计相适合的基础设施。

5.3　信息网络体系

5.3.1　全省网络架构

采用国内外先进的信息技术，将水利信息网络延伸到山洪灾害易发县，构建县级信息网络预警平台；将异地防汛会商视频会议系统延伸到山洪灾害易发乡镇，构建乡镇级异地防汛指挥系统。全省网络架构图见图5.14。

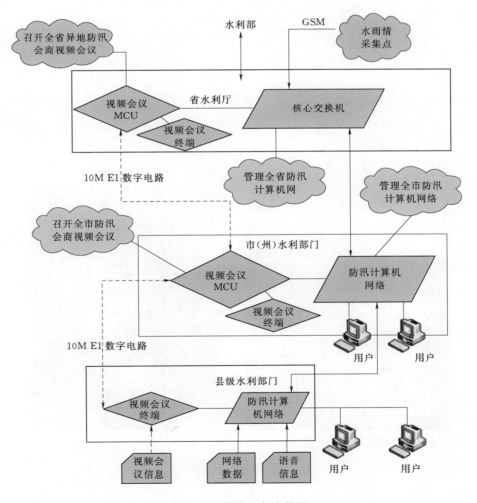

图5.14　网络业务流程图

5.3.2　县级平台网络

5.3.2.1　局域网结构

　　县级监测预警计算机网络系统局域网采用先进的快速以太网类型，考虑到业务和容量扩展的需求，配备具有 3 层功能的中心交换机。

　　县级局域网结构如图 5.15 所示，主要设备见图 5.16～图 5.19。

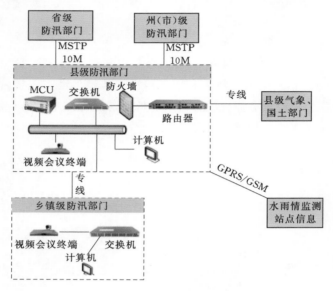

图 5.15　县级局域网结构

图 5.16　大通县山洪灾害防御系统
值班室三联操作台

图 5.17　大通县山洪灾害防御系统
机房主要设备

服务器
交换机
路由器

图 5.18　互助县山洪灾害防御系统
值班室三联操作台

图 5.19　互助县山洪灾害防御
系统机房主要设备

5.3.2.2　网络互联

县级监测预警平台出口配置网络防火墙，防火墙具有网络防护和互联路由功能，县级对外互联路由不再配备专用路由器，其功能由防火墙承担，同时，防火墙负担县级网络的安全防护，县级与各相关业务单位的互联也通过防火墙完成。

5.3.2.3　县乡 VPN 通信

从经济上考虑，县级以下乡镇及水利管理单位不再建设专门线路，解决接收和发送山洪灾害预警信息的办法，是通过 VPN 方式从各单位的互联网接入，从而实现与县级监测预警平台建立可信的安全连接，并保证防汛信息数据的安全传输，完成信息上报与查询。

VPN 以加密协议通过加密隧道技术实现对远程用户的授权认证鉴别，目前 VPN 用户主要通过客户端程序完成身份鉴别与授权任务，身份授权主要通过智能卡，是以 USB 卡和口令验证的方式来实现。

5.3.3　市（州）级网络

市（州）级防汛部门计算机网络由服务器、交换机、路由器、防火墙、VPN 和相关设备组成，其服务器的 IP 和网关 IP 按照市防办统一设置。采用核心路由器、一条 10M MSTP 信道与省级防汛中心互联，同时省级防汛中心与市（州）级防汛中心还可以通过 VPN 网关虚拟专用网络互联。系统的网络拓扑结构见图 5.20，主要设备见图 5.21～图 5.24。

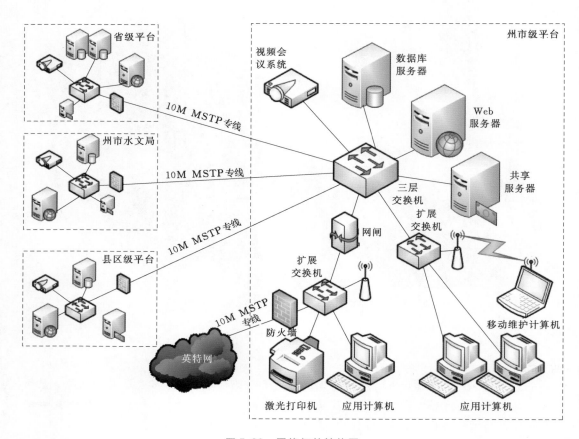

图 5.20　网络拓扑结构图

图 5.21　西宁市市级山洪灾害防御
系统值班室三联操作台

图 5.22　西宁市市级山洪灾害
防御系统机房

图 5.23　海南藏族自治州州级山洪灾害防御　　　图 5.24　海南藏族自治州州级山洪灾害
　　　　　系统值班室三联操作台　　　　　　　　　　　　防御系统机房

5.3.4　省级网络

省级防汛指挥中心计算机网络由服务器、客户机、交换机、路由器、防火墙、VPN和相关设备组成，其服务器的 IP 和网关 IP 按照省防办统一设置。租用 MSTP 线路 33 条（西宁市不做重复计算），信道带宽为 10MB，实现 8 州、26 县（市、区）实网络互联互通。

建设省级防汛指挥中心到水文、气象、国土部门的网络通道，通过租用 3 条信道带宽为 10MB 的 MSTP 线路互联，实现部门间的信息共享，

监测预警平台计算机网络结构采用以太网交换技术，拓扑结构采用星形结构。对外数据信息共享与交换可通过路由器与光纤或专线连接的方式实现。计算机网络对外互联采用 TCP/IP 协议，局域网内部支持 TCP/IP、IPX/SPX、NetBEUI 等协议。系统的网络拓扑结构见图 5.25，主要设备见图 5.26 和图 5.27。

5.3.5　异地会商视频会议系统

防汛会商视频会议系统是山洪灾害监测预警平台项目的重要组成部分，范围包括省、8 个市（州）、26 个县（市、区）和 274 个山洪灾害易发重点乡镇，采用 H.323 视频标准组网模式建设，保证了系统的先进性、实用性和经济性。

5.3.5.1　组网模式

青海省水利视频会商系统组网模式采用 H.323 模式。全省水利 IP 专网组网，整个视频会商（会议）系统中的 MCU、视频会商（会议）终端均支持 H.323 多协议架构，MCU、视频会商（会议）终端通过扩展可以实现全网的线路备份，保障系统的稳定性。

省水利厅中心会场为全省视频会商系统的核心，8 市（州）视频防汛平台为资源整合点，构建云视频通信的基础平台。在省防汛中心会场和 8 市（州）防汛平台分别设计 1 台多点控制单元（MCU），然后再在省防汛中心会场部署 1 台云视频协作器（DMA）设备。

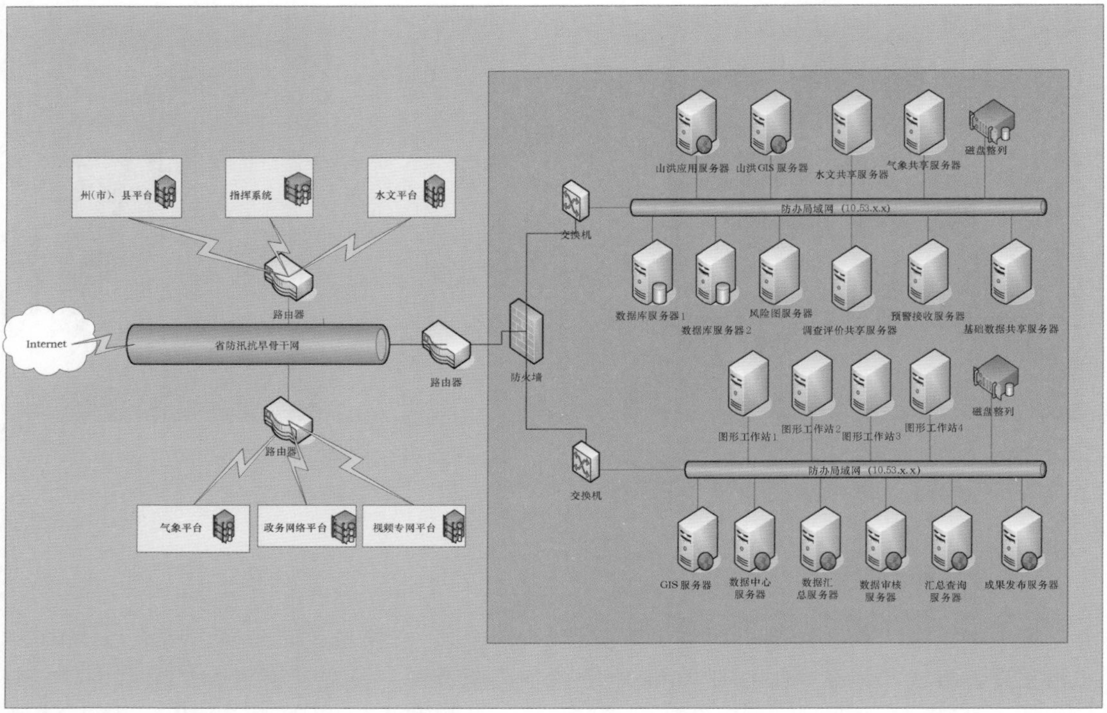

图 5.25 网络拓扑

图 5.26 青海省省级山洪灾害防御
系统值班室

图 5.27 青海省省级山洪灾害防御
系统机房

通过云视频协作器（DMA）将部署在主会场和 8 个分会场的多点控制单元进行资源整合，使得 9 台部署在不同地点的多点控制单元（MCU）在逻辑上形成一个比较大的虚拟多点控制单元（MCU），形成 MCU 资源池，实现全网资源的动态分配，统一 GK 注册管理、统一呼叫等功能，以满足任意形式、任意地点的视频通信需求，在满足现有视频需求的前提下，最大限度地利用全网资源，节省用户投资。网络架构如图 5.28 所示。

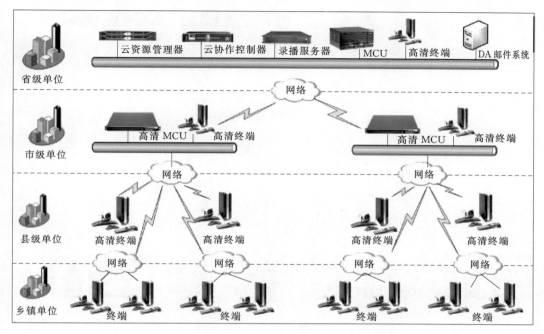

图 5.28 省、市（州）、县、乡视频会商网络结构图

5.3.5.2 传输电路

视频会商系统的传输电路采用租用电信运营商的 10MB 数字光纤电路。青海省水利视频会商系统数字电路类型选用 MSTP。

5.3.5.3 省级会商系统

在省防汛抗旱指挥部部署 1 台云接入网关（RPAD），通过云接入网关（RPAD）可以将 3 种不同的接入网络进行互通，实现专网、互联网、3G/4G 网络之间的互通，达到视频全部覆盖的作用。同时，配置 1 台多点控制单元（MCU），采用电信级硬件设计，支持插板式结构，可以通过增加插板升级系统容量，MCU 支持 1080P、720P、4CIF、CIF 等不同分辨率视频会商终端接入。呼叫速率，最高可达 6M，支持 720P@30/60fps、1080P@30fps，混协议，混速率，加密功能，具有中文字幕、会场名、条幅。支持高清与标清混合会议，召开混合会议时，容量动态变化；自带一套会议管理软件，通过会议管理软件可以实现对会议室和会议的统一管理，实现会议预约、会议审批、会议查询、会议控制、数据统计等功能。可以利用此 MCU 将省水利厅下属的 8 个市（州）和省厅主会场的视频设备进行集中管理，控制，将下属 8 个市（州）的视频汇集省厅主会场，并进行视频的转发和画面的分割（见图 5.29~图 5.31）。

5.3.5.4 市（州）级视频会商系统

各市（州）分会场配置 H900 视频会商（会议）终端、话筒、高清摄像机、调音台和会议控制台等设备。

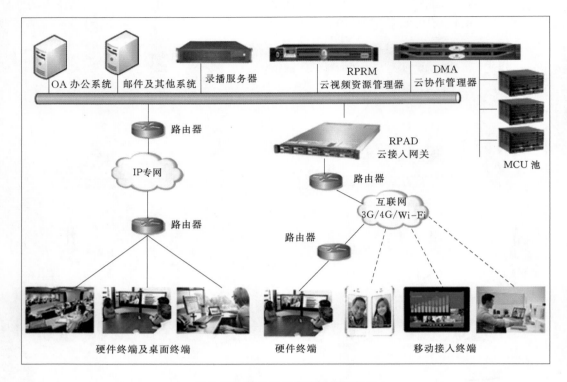

图 5.29 省级视频会商网络结构图

图 5.30 青海省省级视频会商室

图 5.31 青海省省级视频会商室机房

　　会议控制台负责会议的召集、管理和结束等管理控制功能；网管服务器负责进行网络的参数设置和对网络运行情况进行监控；流媒体服务器负责会议录像，网络上的 PC 机可以通过 Web 方式进行点播。

　　本配置的 KDV8000H MCU 可以实现 24 组会议同时召开，可以提供多画面显示、双线路备份、48 方智能混音、丢包恢复等功能（见图 5.32～图 5.35）。

图 5.32　西宁市市级视频会商室　　　图 5.33　西宁市市级视频会商室机房

图 5.34　海南藏族自治州州级视频会商室　图 5.35　海南藏族自治州州级视频会商室机房

5.3.5.5　县级视频会商系统

各县级分会场需配置 1 套 KDV8000H-24H，会议终端通过传输网络与中心 MCU 连接，配置专用会议摄像机和话筒。音、视频信号送到终端进行编码后，通过网络传送到中心 MCU 进行转发、控制等处理。

县级视频会议室的面积根据各地会议室的具体情况决定，一般面积不小于 40m²。

会议室应设置在远离外界嘈杂、喧哗的位置。从安全角度考虑，应有宽敞的入口与出口及紧急疏散通道，并应有配套的防火、防烟报警装置及消防器材。会议室的设置应符合防止泄密、便于使用和尽量减少外来噪声干扰的要求（见图 5.36 和图 5.37）。

5.3.5.6　乡（镇）视频会商系统

各乡（镇）分会场配置 TS6610 一体式视频会商（会议）终端、TrueVoc 300A 全向麦克风。会议终端通过传输网络与县级 MCU 连接。音、视频信号送到终端进行编码后，通过网络传送到县级 MCU 进行转发、控制等处理（见图 5.38 和图 5.39）。

图 5.36　大通县县级视频会商室

图 5.37　互助县县级视频会商室

图 5.38　大通县朔北镇视频会商室

图 5.39　互助县台子乡视频会商室

5.3.6　信息安全体系

5.3.6.1　网络安全保障

青海省山洪灾害防治信息网络的安全主要从核心层、业务控制层和二层汇聚接入层三个层面采取措施进行保障。通过实施流量过滤、加密认证、VLAN 隔离、用户端口绑定等多种手段来保障端到端的业务安全。

为保证山洪预警的信息传输质量，在省、市骨干网以及市、县城域网的电路 BAS、SR 以及各级水利部门网络防火墙、核心交换机上部署了相关的 QoS 策略，使网络具备承载多业务的能力。

城域网、骨干网采用 DiffServ 的 QoS 机制。核心层、汇聚层设备使用 DSCP 或 MPLS EXP 作为标记字段，根据业务报文中的 QoS 标记进行有差别的队列调度处理。业务接入控制层主要完成从 802.1p 到 DSCP/MPLS EXP 业务优先级类型的映射，并实现用户上行流量的限速和用户下行流量的限速或整形等功能，以基于 802.1P 为主的 QoS 技术提供突发拥塞时的 QoS 保证。

5.3.6.2 网络管理系统

为方便网络的管理，在系统出现故障时及时发现并定位故障的位置和查明原因，便于网络管理人员操作维护，快速排除故障，避免网络故障对业务系统的影响，提高网络管理水平和效率，省、市、县各部署一套网络管理系统。

网络管理系统采用网页自动分发注册技术，网络中的客户端访问本地的 Web 网站进行自动注册安装。当网络终端用户访问网站后，网页检测客户端注册情况，如果没有注册，自动弹出相应的提示信息提示其注册。终端注册后，其本机信息将被存入本地网络管理中心的数据库中，管理员能够在管理中心 Web 管理平台上统一管理网络中所有客户端用户。客户端程序将在系统中实时运行，不会对系统产生任何影响并接受网络管理中心的管理控制，通过客户端和服务器认证后还可进行正常的操作系统补丁分发，避免客户机软件漏洞造成的安全隐患。

5.3.6.3 入侵防御系统

通过在网络总出口处部署内容检测和安全防护等技术相融合的入侵防御网关（IPS），作为防火墙设备的补充，配合实时更新的入侵攻击特征库，可检测防护 3000 种以上的网络攻击行为，包括病毒、蠕虫、木马、间谍软件、可疑代码、探测与扫描等各种网络威胁，并具可对 P2P、聊天、在线游戏、虚拟通道等访问实现细粒度管理控制，从而为网络提供进一步的动态、主动、深度的安全防御。

基于网络的入侵检测与防护系统主要采用被动方法收集网络上的数据。该系统由网络敏感器和网络管理服务器两部分组成。网络敏感器负责用于监视关键网段上的入侵行为。当攻击发生时，记录入侵细节，并通过加密方式立即报告给网络管理服务器。网络管理服务器负责记录可疑事件、发送警报及跟踪攻击。

5.4 监测预警平台

各级监测预警平台是山洪灾害监测预警体系的核心组成部分，分为信息表现平台、前台应用、后台应用三部分。将系统所需的具体功能进行逐一实现、有机组合，使之成为一个有机整体。

信息表现平台包括 GIS 表现平台及数据图表表现平台两部分。为前台应用提供基于二维、三维渲染引擎的数据表现支撑，可提供如二维 GIS、三维 GIS、等值线、等值面、柱状图、饼状图、线状图、过程线等各类数据信息表现形式。

前台应用是指直接和用户产生交互的应用模块，包括二维、三维地图浏览、基础信息查询、雨水情查询分析、告警信息提示、防洪工程查询、预案查询管理、洪水预报、山洪预警与响应、气象国土信息查询、系统数据维护管理、用户登录及权限管理、值班及日常办公多媒体文档查询管理功能。

后台应用是运行在服务器端进行后台信息处理分析的应用模块，包括雨水情数据接收、雨水情监控告警、雨情统计面雨量计算、短信发布、预警阈值计算、系统更新、系统运行状态监控。除预警阈值计算之外，后台应用一直处于运行状态。

5.4.1　县级监测预警平台

5.4.1.1　系统功能划分

县级监测预警平台包含 8 类业务功能，它们分别是：雨水情数据接收、雨水情信息查询分析管理、山洪灾害信息管理、山洪预警与响应、Web GIS 系统、值班及防汛业务管理、系统后台管理、系统自动更新。

1. 雨水情数据接收

雨水情数据的接收是整个系统的基础，鉴于实时、稳定、高效运行的需求，使用后台服务程序的方式构建本功能模块。本功能模块实现实时雨水情数据接收、雨水情数据处理两项子功能。

2. 雨水情信息查询分析

本模块采用 B/S 架构，基于 ASP.NET 构建。实现雨情查询、雨情分析、水情查询分析、多要素雨量站查询分析、气象国土信息查询 5 项子功能。

3. 山洪灾害信息管理

本模块采用 B/S 架构，基于 ASP.NET 构建。实现基础信息查询、预案查询管理 2 项子功能。

4. 山洪预警与响应

本模块采用 B/S 架构，基于 ASP.NET 构建。省统一配置预警短信平台，每县设立子端口，县预警信息通过水利网到省，通过设立的各县短信子端口发送到相关预警人员。本模块实现预警断面的定义及设置、预警指标管理、预警方法库、预警流程与功能支持、应急响应、传真预警发布 6 项子功能。

5. Web GIS 系统

地理信息系统是系统平台信息表现的基础，系统提供通过 IE 浏览器进行二维、三维地理信息数据及山洪灾害监测预警信息表现的功能。系统除具备一般 GIS 平台地图缩放、图层控制、空间量算、信息查询等功能外，还具有地图标绘、三维虚拟现实等拓展 GIS功能。

6. 值班及防汛业务管理

本模块采用 B/S 架构，基于 ASP.NET 构建。

系统提供防汛值班日志、日常办公文档管理、新闻消息、电子邮件、文件共享、短信收发、传真群发等功能。提供防汛值班人员管理各类多媒体文档（资料）的功能，包括图片管理、照片管理、工程图数据管理、传真文件归档管理、视频资料管理等模块。

7. 系统后台管理

采用 B/S 方式提供用户组管理、系统功能模块管理、用户管理、系统日志管理、系统数据维护等日常管理功能。

8. 系统自动更新

随着系统的使用，软件会进行功能的改进，级软件平台系统自动更新模块自动侦测部署在省级平台上的软件更新服务中心的程序版本号，确定是否需要更新程序文件，若探测到有新版本软件，系统将自动升级为最新版本程序。

5.4.1.2 应用系统设计

1.雨水情接收处理系统

（1）系统功能：能够在县级平台上实时接收省水情中心发送的本县及上游流域监测站的雨水情数据，并将符合《水情信息编码标准》的雨水情报文数据进行翻译存入实时雨水情数据库（实时雨水情数据库格式采用《实时雨水情数据库表结构与标识符标准》）。

实时计算生成县级政区和县域内流域的 10min 面雨量数据；生成每个雨量站以及流域、政区面各时段（10min、1h、2h、6h、24h）的年最大累计降雨量统计数据；生成每个雨量站以及流域、政区面的旬、月雨量数据。可以对故障雨量站进行判断。

（2）系统结构：本系统主要由数据接收和数据处理两部分组成，数据处理又可以细分为数据排错、面雨计算和雨量统计三部分内容，逻辑流程如图 5.40 所示。

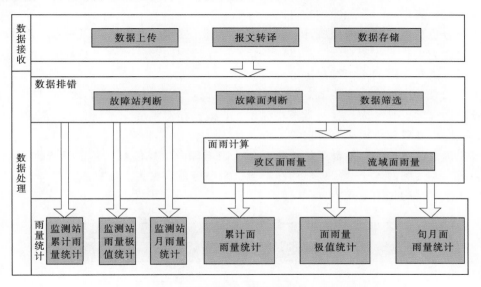

图 5.40　系统结构图

（3）系统模块图见图 5.41。

2.雨水情信息查询分析系统

（1）系统功能：系统采用 B/S 模式开发，其中雨情查询包括雨量站累计降雨量、雨量站降雨过程、政区及流域面累计雨量、政区及流域面降雨过程、旬月雨量等。选择时间的方式有缺省时间（当日 8 时以来）、任意时间段、固定时间段快捷方式；选择地域范围的方式有按流域或特定区域选择雨量站、图上选择雨量站等，表现方式有通过数据表格、统计图、等值线和等值面（等值线等值面分级数值及级别个数、颜色可自定义）显

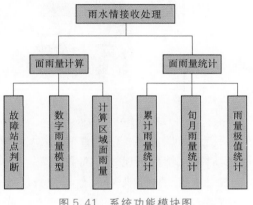

图 5.41　系统功能模块图

示。对超过降雨告警值的站点要在显著位置集中显示，地图中相应站点闪烁，点击后显示告警区域涉及小流域、村庄、联系人、预案等相关信息。

水情查询包括河道水情、水库水情。河道水情查询内容有汛情监视（站点实时水位、流量）、河道断面基本情况（堤顶高程、警戒水位、保证水位、历史最高水位、警戒流量、保证流量、历史最大流量等信息）、河道断面水位流量过程线、河道断面特征值。时间选择方式有当前时间、任意时间段；地域范围选择方式有按流域或特定区域选择水位站、图上选择水位站等；表现方式可以通过数据表格和地图方式显示。对超警戒水位和超保证水位站点可以在显著位置集中显示，地图中相应站点闪烁。水库水情查询内容有水库当前水位、下泄流量、入库流量、面雨量、水位变化趋势、超汛限情况、水位过程线以及水位库容曲线等工程特征信息。查询方式有当前时间、任意时间段、按流域或特定区域选择水库、图上选择水库等，通过数据表格和地图方式显示。对超汛限水位和超保证水位站点能够在显著位置集中显示，地图中相应站点闪烁。

雨情分析功能能够对降雨统计和频率进行分析。降雨统计分析可以对多年平均、历史同期、连续无雨日、连续有雨日、降雨总站数、不同降雨级别站数等进行统计分析。降雨频率分析可以对站点的降雨频率进行分析。

多要素自动雨量站信息查询，能够对多要素雨量站监测信息进行查询，包括降雨数据、日平均温度、日最大温度、日最小温度、日最高相对湿度、日最低相对湿度、日平均风速、风向以及日累计太阳全辐射等。

气象国土信息查询，能够提供接收气象、国土部门信息的接口，能够查询天气预报、卫星云图、雷达图及国土部门提供的泥石流、滑坡等地质灾害点信息。

（2）系统结构见图 5.42。

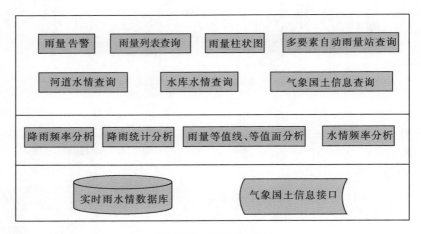

图 5.42　系统结构图

系统由数据访问、信息查询、数据分析、用户输入、结果表现层组成。数据访问层提供对实时雨水情数据库、空间数据库、气象国土信息的访问接口；信息查询层采用 Web Service 方式提供查询服务；数据分析层提供降雨频率分析、水情分析、降雨统计分析服务；结果表现层和 Web GIS 表现平台共同提供查询结构数据的可视化表现。

（3）系统模块划分见图 5.43。

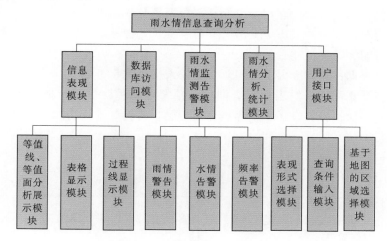

图 5.43　模块划分

根据系统功能划分，将系统分为信息表现、数据库访问、雨水情监测告警、雨水情分析、用户接口 5 个模块。其中，信息表现模块用于查询分析结果的展现、数据库访问模块用于查询数据内容、雨水情监测告警用于显示告警信息、频率分析模块用于分析雨量测站的降雨频率、用户接口模块接收用户查询条件和选择表现形式（包括表单输入和基于地图的坐标范围选择输入）。

（4）用户接口设计：本系统提供用户对雨水情信息进行查询分析，与用户的接口分为 3 类：查询条件、表现形式、展示结果。查询条件主要包括时间范围选择、地区或流域范围选择、测站或区域选择等，表现形式有数据表格、等值线面、时间线图等，结果展示是查询结果的输出形式包括：基于电子地图的展示、基于表格的展示、基于过程线（各种统计图）的展示。

不同的功能会对应不同的查询条件、表现形式、展示结果。根据表现形式的不同查询条件也会相应变化，例如：当表现形式为等值线面时查询条件只有时间范围选择。

3. 山洪灾害信息管理系统

（1）系统功能。县、乡、村基本情况查询：对县简介及各乡镇、行政村的基本情况进行，内容包括县、乡、村名称、土地面积、耕地面积、总人口、家庭户数、房屋数、历史洪水线下（人口、家庭户数、耕地面积、房屋数）、可能受山体滑坡、泥石流影响（人口、家庭户数、房屋数）、乡镇负责人及联系电话、乡镇防汛负责人及联系电话、村负责人及联系电话。

小流域基本情况查询：查询内容包括小流域名称、上级河流、流域面积、河长、河段比降、平均高程、平均坡度、形状系数、出口高程、洪峰模数等。

监测站基本情况：对县域内监测站（自动雨量站和水位站、简易雨量站和水位站）基本情况进行查询，自动雨量站基本情况包括站号、站名、站址（所在乡镇、村）、经纬度、高程、设立日期、类别（自动站、人工站）、所属小流域、关联乡村、雨量预警指标；自动水位站基本情况包括站号、站名、站址（所在乡镇、村、组）、经纬度、高程、设立日期、类别（自动站、人工站）、所属小流域、关联乡村、水位预警指标。简易雨量站和水位站基本情况包括站名、站址、预警指标、预警人员及联系方式等。

历史灾害情况：查询本县历史上山洪灾害发生总体情况及各典型年的灾害情况，内容包括灾害发生时间、灾害描述等。

责任人信息查询：对各级山洪灾害防御责任人信息进行查询。

群测群防体系查询：以图表形式查询各类预警设施、设备（简易雨量站、简易水位站、预警广播、手摇报警器、锣、哨等）分布情况，并提供统计功能。

山洪灾害防御预案管理、查询：对县、乡、村及工矿企业、学校等山洪灾害防御预案进行管理、查询。

（2）系统结构见图 5.44。

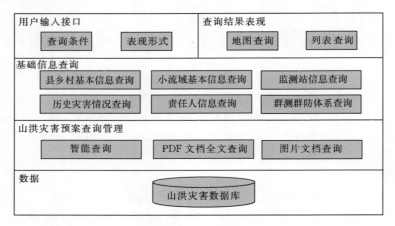

图 5.44　系统结构图

本系统由数据接口、基础信息查询、预案管理查询、用户输入、结果表现层组成。

（3）系统功能模块划分见图 5.45。

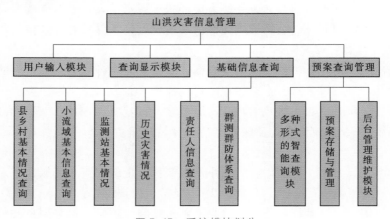

图 5.45　系统模块划分

4. 山洪预警与响应系统

（1）系统功能。出现预警信息后的工作流程（预警状态）可概括为：新预警（出现预警）→内部预警（对防汛人员）→会商、审核→外部预警（对社会公众）→响应启动→响应结束。

当有预警产生时，地图上对应雨量站或水位站、断面自动闪烁（可同时发出预警提示音），并向有关防汛人员自动发布内部预警信息；防汛值班人员对预警信息进行查询核对，并经会商后按确定的预警级别和范围（由雨量站、水位站或断面对应的政区确定），通过短信及多种方式向县、乡、村级有关部门发布外部预警，外部预警发出后，地图上对应的行政区会自动闪烁，表明目前处于已发布外部预警状态，该信息通过水利网上传到省、市级平台，省市级平台可查询该预警状态信息。

在预警发布服务中具有预警信息和状态显示、内部预警、预警发布、预警响应反馈、预警记录查询、预警指标显示修改功能。

1）警信息和状态显示：可以以地图形显示各乡镇的预警状态、级别等预警信息，以及目前预警状态（已内部预警或已发布预警、已启动响应），以列表形式显示发生乡镇、预警级别、预警时间、预警内容、预警状态等信息。

（a）内部预警：根据预警级别的不同，将符合预警条件的信息通过短信方式自动发布给相关负责人。

（b）预警发布：经过县防汛指挥部门确认后的预警信息，通过短信方式，发送到各级相关防汛责任人和社会公众；并可发布突发预警信息。发送对象通过预先定义好的规则自动获取。

（c）预警反馈：显示未关闭预警的所有短信记录，包括"姓名、单位、电话、预警级别、发送时间、信息内容、回复情况"等信息。

（d）预警记录查询：可以显示最新的预警信息发布情况，包括反馈信息。

（e）预警指标：提供雨量、水位、流量预警指标的查询功能，并能进行维护管理。预警指标级别分为准备转移、立即转移两级。

（f）响应部门和人员设置：能够对部门进行管理，对部门响应标准（全部响应还是领导响应）进行设置，设置部门领导人（多个）；可对人员-部门关系进行管理，从而确定预警产生时，预警信息的发送对象和范围。

2）应急响应：根据预警结果及信息发布情况，各相关部门要启动相应的响应预案。系统跟踪县、乡镇的响应执行情况，直到响应结束。

应急响应服务应包括以下功能：

（a）响应工作流程：以图形方式显示工作流程，供使用人员参考。

（b）响应地图：在地图上显示响应启动图示，并提供响应相关操作用户接口。

（c）响应列表：显示应急响应状态信息列表，包括"预警级别、预警时间、预警发布级别、预警发布时间、响应级别、响应启动时间、响应结束时间"等信息，提供历史响应的查询功能。

（d）响应反馈：列表显示各个乡镇响应反馈信息，包括"预警时间、下派工作组、投入人员、需转移群众、已转移群众、受围困群众、死亡人数、失踪人数、倒塌房屋"等信息，并提供实时录入功能，以便跟踪进展情况。响应内容能够由系统自动上传到省、市级。

（2）系统结构见图 5.46。

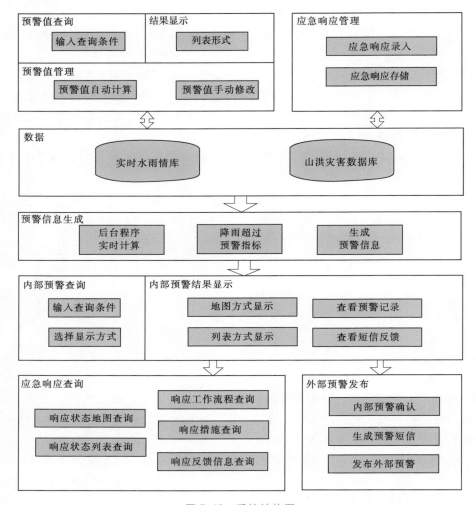

图 5.46　系统结构图

本系统由数据接口、预警指标查询和管理、应急响应查询和管理、用户输入、预警发布流程组成。

（3）系统模块划分见图 5.47。

5. Web GIS 系统

（1）系统功能。Web GIS 系统通过 IE 浏览器进行二维、三维地理数据表现，除具备一般 GIS 平台地图缩放、图层控制、空间量算、信息查询等功能外，还具有以下主要功能：

二维地图标绘：系统能够提供二维地图点状、线状、面状图元的标绘及编辑，支持对箭头等常用特殊符号的标绘、编辑和属性修改，支持对标绘图的保存、打开、修改、上传和导出。系统应该能够提供标绘常用符号库，包括政区（省会、市、县等）、交通（铁路、高速公路、国家干线公路等）、线形工程（堤、流域界等）、点状工程（水文站、水闸、水

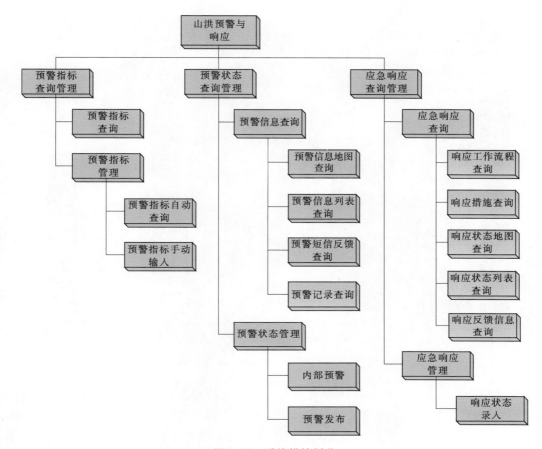

图 5.47　系统模块划分

电站等）、其他符号（箭头、信息框等）等。

三维地图展示：系统提供以 1：50000 数字高程模型（DEM）数据和 2.5m 分辨率卫星影像图数据为基础，叠加河流、水库、监测站、政区界限等二维矢量图层数据，可在三维场景中表现危险区、安全区、转移路线和受威胁村庄等基本信息，闪烁显示告警站点信息。三维场景应该具有 "移动" "缩放" "漫游" "飞行" "中心定位" "视图切换" "全图" "图元选择" "拔高" "距离量算" 等操作功能。

（2）系统结构：Web GIS 系统的逻辑结构分为空间数据层、服务层、显示平台层和业务应用层 4 个层次，部署在服务端和客户端，如图 5.48 所示。

空间数据层：存在于服务端的数据服务器上，包括矢量地图数据、DEM 数据、DOM 数据、RS 数据等各种不同类型的空间数据，用于为系统的其他层次提供数据访问接口。

服务层：运行于服务端，是本系统的主要数据处理单元。在物理上，服务层可以运行于多台服务器，主要包括二维 GIS 服务、三维 GIS 服务、空间分析服务、空间数据管理等。其主要功能是接收客户端的服务请求，然后调用相应的服务程序，按照系统中定义的数据传输协议，将运算结果返回给调用服务的客户端软件。请求的接收和结果的返回均采用 HTTP 协议实现。

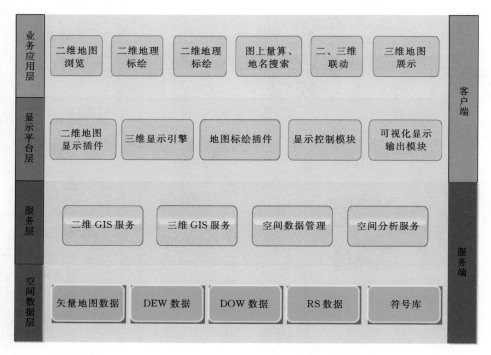

图 5.48　Web GIS 系统结构图

显示平台层：运行于客户端 IE 浏览器，是本系统的输入输出基础。显示平台层采用了基于 IE 浏览器的"平台＋插件"架构，平台有 3 项基本功能：①搭载插件，在客户端软件启动时，平台对系统当中已经注册的插件进行自动搜索，通过平台-插件协议获得插件的访问接口，实现插件加载；②为插件提供基本的图形显示功能；③捕获用户输入，以事件的形式传输给插件，激活插件的相应事件处理机制，从而实现灵活的交互性。

插件是 Web GIS 系统客户端图形显示功能实现的主要承载体。插件分为标准插件和用户自定义插件两大类，包括二维地图显示插件、二维标绘插件、可视化显示输出模块等。其中，每种插件都能够独立搭载于平台之上，完成独立的功能；同时，插件之间也可以通过平台实现交互，协同完成较复杂的信息表现任务。

此外，系统还提供了支持三维 WEB GIS 业务应用的三维 GIS 引擎，用于实现三维地球模型的构建、卫星影像图和矢量图叠加的三维地图显示、空间量算分析等三维地理信息应用。

业务应用层：基于显示平台层提供的基本显示功能和地图数据，根据应用的具体需求，经过组合和配置构成的、面向用户的 GIS 显示和人机交互界面。其功能分为基本 GIS 功能和扩展 GIS 功能两种类型，实现对二维地图浏览、二维地图标绘、情况汇报、图上量算、地名搜索、三维地图展示和二维、三维联动等业务应用的支持。

（3）系统功能模块划分：Web GIS 系统由 Web GIS 服务、Web GIS 显示平台、Web GIS 公共应用 3 个顶层功能模块构成，每个顶层模块各包含若干个子模块，如图 5.49 所示。

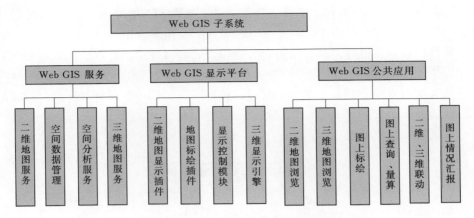

图 5.49　Web GIS 系统模块划分图

（4）Web GIS 表现平台：GIS 表现平台依托于底层的数据支撑和 GIS 服务，是为上层的各类应用提供二维、三维地图显示、数据可视化、模型结果输出的显示平台。

利用 GIS 表现平台功能可使得前台应用的构建复杂度大大降低，实现难度大幅降低。

GIS 表现平台涵盖了二维渲染引擎、三维虚拟现实引擎，GIS 数据管理，GIS 数据表现，以及基于 GIS 数据的人机交互四大部分。

二维渲染引擎及三维虚拟现实引擎是将 GIS 数据呈现给用户的基础，它们的主要目的是为整个平台的高效稳定运行提供保障，为将二维地图、三维场景及地理信息数据有机、快速地显示到屏幕提供基础，同时为用户查询、操作各类二维、三维地理信息数据的交互提供保障机制。

二维、三维 GIS 数据管理子系统使用 GIS 服务提供的地理信息数据，将这些数据进行分类、组织、整编，并进行综合管理。

二维、三维 GIS 数据表现子系统利用管理好的各类地理信息数据，以及二维渲染引擎、三维虚拟现实引擎，将用户指定的地理信息图层显示到 GIS 系统的展示画面上，当用户对图层的开启、关闭进行操作时，该子系统控制对应图层的显示、隐藏。同时还实现根据用户的指令，对某些图层、图元进行动画方式的展现，例如闪烁、旋转、移动等。

基于 GIS 数据的人机交互子系统主要负责提取用户的各种键盘、鼠标操作，对已经展现的各类地理信息数据进行识别、查询，并利用下层的 GIS 数据表现子系统，实现二维地图、三维场景的浏览、控制图层、操作图层、图元的表示属性（大小、颜色、动画方式等）、地图标绘。

6. 值班及防汛业务管理系统

（1）系统功能：本系统提供防汛值班日志管理、文档管理、新闻消息、电子邮件、文件共享等功能。

其中，防汛值班日志管理提供添加、修改、编辑日志功能，方便值班人员将日志归档；同时提供日志查询检索功能。

文档管理模块给用户提供文档上传、下载、删除等功能，方便用户管理公文等文档。

新闻消息模块提供新闻管理、新闻浏览两部分功能。其中新闻管理功能提供各类新闻

（内部、外部、图片等）的添加、编辑、删除功能；新闻浏览功能提供各类新闻的分类浏览功能。

电子邮件模块提供常规的邮件服务，方便用户管理（发送、接收、编辑等常用功能）、浏览电子邮件。

文件共享功能方便用户共享文档、资料，被共享的文档可供所有具有指定权限的用户下载。

（2）系统功能模块划分见图 5.50。

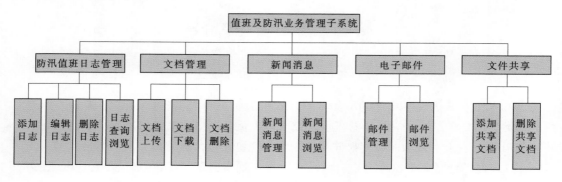

图 5.50　系统功能模块划分图

7. 后台管理系统

系统管理系统分为用户登录与权限管理、系统日志管理、系统数据维护管理三部分，是省、市、县三级平台软件系统的后台管理系统。

（1）系统功能：省、市、县三级平台软件系统采用分组策略对用户访问权限进行管理。用户分为一般使用者、防汛值班人员、系统管理员三个组别，系统能够通过用户组管理设定不同功能模块的访问权限。可以提供系统管理员对用户进行管理的功能以及提供用户登录日志的管理。系统提供系统管理员对各数据库表的维护操作。

（2）系统功能模块划分见图 5.51。

8. 系统自动更新

（1）系统功能：系统自动更新系统实现部署在省、市、县各级防汛指挥部门的各软件模块能够自动侦测部署在省级平台上的升级软件，并自动下载升级。

系统自动更新系统由部署在系统更新服务器的系统版本发布服务以及部署在各市、县的自动更新检测后台代理程序两部分组成。

（2）系统结构见图 5.52。

如图 5.52 所示，系统更新系统分为三层，分别是运行在省、市、县三级平台的系统更新后台代理程序，运行在系统更新服务器的系统更新服务，以及给工作人员使用的版本发布人机交互界面。

其中，三级平台中的更新代理程序负责定期检测是否有新版本软件系统；接收由系统更新服务发回的新版本系统的数据；并根据这些数据更新本地的各子系统程序；以及维护本地的系统版本信息数据。

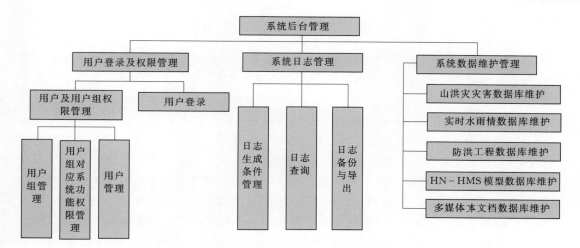

图 5.51 后台管理系统功能模块划分

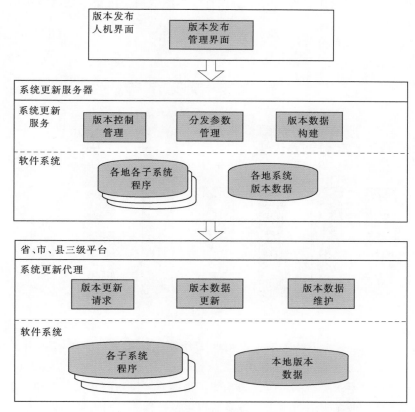

图 5.52 系统结构图

　　系统更新服务负责响应版本发布人机交互界面的版本发布请求；根据省、市、县三级平台及各地的配置参数，生成新版本程序所需各种数据，并维护每个系统部署点的版本数据库；另外还负责响应省、市、县三级平台的新版本请求，并发送最新版系统程序给各地的更新后台代理程序。

系统更新的过程由以下 4 个步骤组成：

1）当研发出新版本系统时，利用版本发布服务，工作人员在版本发布操作界面上进行新版本发布操作。此时版本发布服务将自动构建针对省、市、县三级别的新版本系统所需的全部数据。

2）系统更新服务更新系统更新服务器的版本相关数据以及新版本系统所需的配置参数数据，以便响应具体部署点的更新后台程序对是否有新版本的请求。此时系统更新服务已经做好为各地系统做版本更新的全部准备工作。

3）运行在省市县各地的系统更新后台程序定期向系统更新服务器的系统更新服务发送是否有新版本的请求，更新服务返回是否有新版本及最新版系统的版本描述数据。

4）如果有新版本的系统，系统更新后台程序向更新服务发送获取新版本系统数据的请求，服务接到请求后将新版本数据发给各地。更新后台程序接到新版本数据后，根据系统更新通信协议，将数据包拆解成具体需要更新的各种系统运行所需的数据（主要包括数据文件、数据库、应用程序文件）并更新现有版本的数据，维护本地的版本信息数据，完成系统更新过程。

（3）系统功能模块划分。

系统自动更新系统的顶层模块划分如图 5.53 所示。

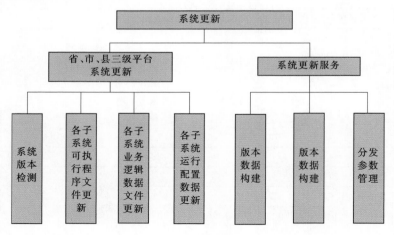

图 5.53　系统模块划分

如图 5.53 所示，系统更新系统主要由两大功能模块组成，一是省、市、县三级平台的系统更新功能，二是系统更新服务功能。

其中，省、市、县级平台的系统更新功能负责检测系统新版本是否存在，更新各子系统的可执行程序文件、业务逻辑数据文件以及运行配置数据，并对本地的版本数据进行维护。

系统更新服务负责响应版本发布请求，构建各级别平台各地所需的新版本系统数据，并对各地的系统版本数据进行维护，管理各地的分发参数，以及响应省市县级更新代理程序的版本更新请求。

其中版本更新服务是系统更新系统的核心，下面具体描述该服务的架构和实现细节。

（4）系统更新服务架构图见图 5.54。

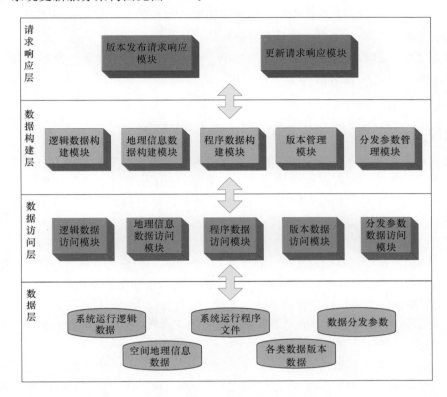

图 5.54　系统更新服务架构图

5.4.1.3　数据库系统

监测预警平台数据库系统是在数据库管理平台的基础上建立实时水雨情数据库、预报预警成果以及气象数据库、工情数据库、管理数据库和超文本数据库等，以实现数据信息与服务共享的要求。

1. 数据库操作系统

数据库操作系统选用 SQLServer2008 操作系统。

2. 数据库结构

监测预警平台的数据库建设主要包括对各类数据信息进行加工、处理后，按不同的数据库表结构和标识符分类存储。数据库在结构设计时合理划分，减少数据的冗余，易于管理与维护，便于信息查询与数据共享。

（1）数据库内容。信息汇集与预警平台数据库从内容上分为属性数据库和图层空间数据库。

属性数据库设计主要包括水雨情信息数据库、气象信息数据库、工情信息数据库、经济社会信息库、灾情数据库、单位机构信息数据库、图形图像数据库和超文本数据库等。

空间数据库设计主要包括省、市（州）级区域图、行政区划图、流域水系图、水库、分布图、报汛站点分布图、防洪工程布置图、交通设施图、安全区和危险区分布图、

DEM 及影响数据图等。

（2）数据库表结构。数据库表结构按照《国家防汛指挥系统工程》对实时雨水情数据库表结构、防洪工程数据库表结构等进行设计。

实时雨水情数据库执行水利部颁发的标准。监测系统采集的水雨情数据需按照行业标准《实时雨水情数据库表结构与标识符标准》（SL 323—2011）写入到实时雨水情数据库中。

5.4.2　省级、市州级监测预警信息管理和共享系统

系统建设实现了中央、省、市（州）和县级监测预警平台之间以及防汛部门与水文、气象、国土部门之间的互联互通和信息共享，实现了上下游相邻县监测预警信息共享，使各级防汛部门能够及时掌握山洪灾害实时监测、预警、响应信息和防治情况，提高了各级各部门之间的应急联动，提升了综合防灾减灾能力。

5.4.2.1　主要功能

主要功能包括：汇集辖区内县级监测预警平台的实时监测预警等各类信息，对汇集的数据进行分析整理、汇总统计、共享上报，为省、市（州）级防汛及有关部门及时掌握情况，了解山洪灾害防御态势，进行监督指导提供支持。具体建设内容包括：省、市（州）级网络接入和系统硬件，省、市（州）级监测预警信息管理应用软件、视频会商和容灾系统。

5.4.2.2　数据流向

雨水情数据由监测站发送水情中心，同时发送给县级平台，由水情中心向上共享。预警数据，采用县级山洪灾害多发的方式同时发送给市（州）级、省级、国家级山洪灾害监测预警系统（见图 5.55）。

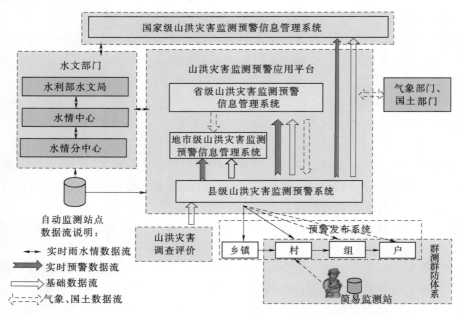

图 5.55　系统数据流向

5.4.2.3 系统划分

1. 系统总体划分结构

系统分为省级和市（州）级两层，省级系统划分为数据共享汇集软件、监测预警信息的管理应用软件；市（州）级系统划分为数据共享汇集软件、监测预警信息的管理应用软件，基本构成如图5.56所示。

2. 数据汇集软件

数据汇集软件的主要目标是建立与水文、气象、国土部门之间的数据共享汇集机制，规定共享内容，制定共享标准，统一数据交换格式，开发共享接口，全面汇集山洪灾害防治信息。其中，实时雨水情数据由市（州）级水文部门建设，上下游相邻县数据的共享汇集由省级水文部门进行建设（见图5.57）。

3. 信息管理软件

监测预警信息管理应用软件具有山洪灾害预警监视、雨水情信息查询、预警响应信息查询、基础信息查询、工情（视频监控数据）信息查询、气象国土信息查询、山洪灾害快报、县级平台运行状况监视、系统管理等功能。如图5.58所示。

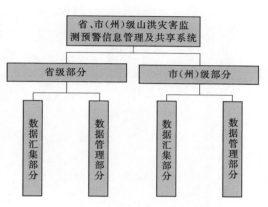

图 5.56 系统总体划分结构

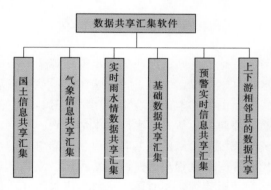

图 5.57 数据共享汇集软件示意图

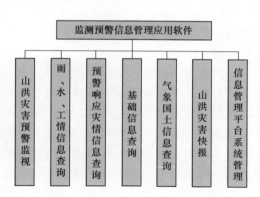

图 5.58 监测预警信息管理系统

5.4.2.4 系统设计

1. 功能模块

山洪灾害监测预警信息管理及共享系统的功能主要包括监测预警信息共享汇集、监测预警信息管理两部分。

监测预警信息共享的功能主要包括实时雨水情数据共享汇集、基础数据共享汇集、山洪预警信息共享汇集、气象信息共享汇集、国土信息共享汇集和上下游相邻县数据共享。

监测预警信息管理的功能主要包括山洪灾害预警监视、雨水情信息查询、预警响应信息查询、基础信息查询、工情信息查询、气象信息查询、山洪灾害快报，综合信息查询、洪水淹没计算分析、灾害损失统计评估、风险图综合管理和业务扩展接口。总体功能设计的实现思路是共享数据—入库—数据管理与查询。

2. 性能指标

并发量：报文接收并发量不低于 150。

处理时间：报文处理时间不大于 1min；雨水情到达时间不超过 30min；气象共享时间不超过 1h；基础数据处理时间不大于 15min。

省级系统的山洪灾害监测预警信息管理系统性能指标如下：

人机交互操作：用图形、文本和表格方式在计算机上展现，具有报表打印功能，操作简单易用。

信息查询：用图形、文本和表格方式在计算机上展现，具有报表打印功能，操作简单易用。

图形操作：用图形、文本和表格方式在计算机上展现，具有报表打印功能，操作简单易用。

GIS 分析任务：采用 Web GIS。

省级系统地图：采用 1∶250000 电子地图。

Web GIS：响应速度小于 5s。

复杂报表：响应速度小于 5s。

一般查询：响应速度小于 3s。

省级应用软件系统：支持大数据量信息的快速查询、统计和表现。

系统性能总体保证无缝集成性和开放式，适应分布式和跨平台，具有高可靠性和高容错能力，操作简单，响应速度快。

3. 数据分类

（1）空间数据库：空间数据范围为县边界、驻地、测站、危险区、小流域等。

（2）基础类数据库：基础数据包括行政区划基本情况、山洪灾害影响情况、小流域基本情况、小流域和乡镇村关联、危险区基本情况、测站基本信息、雨量测站极值、水位监测站极值、历史山洪灾害情况、河流基本信息、堤防基本情况、水库基本情况表。

（3）实时雨水情库：实时雨水情库包括流域或区域雨量监测站时段雨量和降雨过程查询、降雨等级（频率）展示、降雨等值线面绘制、降雨过程动画；河道站水位、流量、水情态势等；水库站水位、蓄水量、下泄流量、水情态势等。实时雨水情数据库采用《实时雨水情数据库表结构与标识符标准》（SL 323—2011）。

（4）山洪灾害专题数据库：山洪灾害专题数据库包括山洪实时预警、历史警报、警报参数设置、实时响应、历史响应、预警响应用户权限设置等信息。

4. 信息管理系统软件

（1）预警监视：预警监视功能，主要是实时监视县级平台汇集来的最新测站超警情况、政区预警情况，各级政区的响应情况等，对辖区内最新预警情况进行汇总统计，通过多种方式提醒值班人员，以便动态掌握当前山洪灾害预警态势（见图 5.59）。

（2）雨水工情信息查询：能够快速查询到防治区内的雨、水、工情信息，主要功能包括：流域或区域雨量监测站时段雨量和降雨过程查询、降雨等级（频率）展示、降雨等值

青海省 山洪灾害监视预警系统　雨情　河道　水库　气象　国土　基础信息　历史预警　值班　运行检测　山洪快报　短信发送　系统管理　帮助

监测站基本情况

监测站基本情况

站号	站名	交换管理单位	站址	经纬度	设立日期	监测站类型	所属小流域	所属行政区划
01325375	坏仓贡麻村站	青海水文	刚察县环合贡麻村	99.571767|37.15034		山洪站	哈达脑哇流域	沙柳河镇
01325550	年乃索麻村站	青海水文	刚察县年乃索麻村	99.720289|37.04880		山洪站	布哈河流域	察拉村
01325575	铁卜加村	青海水文	共和县石乃亥乡	99.581451|37.03462		山洪站	小北湖流域	石乃亥乡
01326500	秀脑休麻村站	青海水文	刚察县秀脑休麻村	99.551425|37.31746		山洪站	当尔尕庫流域	尕曲村
01326550	秀脑贡麻村站	青海水文	刚察县秀脑贡麻村	99.550622|37.30564		山洪站	当尔尕庫流域	恩乃村
01329700	大水村	青海水文	共和县切吉乡	99.562912|36.34444		山洪站	小北湖流域	切吉乡
01330850	日芒村站	青海水文	刚察县日芒村	99.627694|37.23142		山洪站	吉尔孟流域	红山村
01331100	新泉村站	青海水文	刚察县新泉村	99.887906|37.27298		山洪站	乌哈阿兰曲流域	新泉村
01331120	冶合茂村站	青海水文	刚察县冶合茂村	99.869078|37.27542		山洪站	乌哈阿兰曲流域	秀脑贡麻村
01331140	切吉村站	青海水文	刚察县切吉村	99.866636|37.27090		山洪站	乌哈阿兰曲流域	塘曲村
01331160	宁夏村站	青海水文	刚察县宁夏村	99.874389|37.25314		山洪站	乌哈阿兰曲流域	尚木多牧
01331200	贾飞农场站	青海水文	刚察县泉吉乡	99.929056|37.25421		山洪站	折格夯果流域	泉吉乡
01331300	角什科休麻村站	青海水文	刚察县角什科休麻村	99.980061|37.25313		山洪站	折格夯果流域	亚秀牧
01331400	刚贡麻村站	青海水文	刚察县刚察贡麻村	100.089628|37.3229		山洪站	折格夯果流域	压贡麻牧
01331420	尕曲村站	青海水文	刚察县尕曲村	100.102936|37.3190		山洪站	沙柳河流域	宁夏村
01331440	尚木多村站	青海水文	刚察县尚木多村	100.081878|37.3070		山洪站	折格夯果流域	冶合茂村
01331460	草贡麻村站	青海水文	刚察县草贡麻村	99.964142|37.47510		山洪站	折格夯果流域	压贡麻牧
01331464	亚秀村站	青海水文	刚察县亚秀村	100.002450|37.3167		山洪站	折格夯果流域	扎苏合村

打印　保存

图 5.59　青海省省级平台查询监测站基本情况界面

线面绘制、降雨过程动画；河道站水位、流量、水情态势等信息查询；水库站水位、蓄水量、下泄流量、水情态势等信息查询等；重要水利工程的视频监控信息。

省、市级山洪灾害监测预警信息管理系统中雨水情信息查询，应突出引发山洪灾害降雨小范围、短历时、高强度的特点，并具有一定的数据分析功能。尽量与已建成的雨水情查询应用系统复用和集成，提高省、市级应用系统的统一性和集成性。

（3）预警响应灾情信息查询：能够查询县级平台上报汇集的预警响应信息，并进行汇总、统计分析。预警信息包括预警测站的预警时间、等级、超警指标、预警范围等；预警政区的预警时间、等级、状态等。响应信息包括预警

图 5.60　预警响应启动界面

时间、下派工作组、投入人员、已转移群众、受围困群众、死亡人数、失踪人数、倒塌房屋等（见图 5.60～图 5.63）。

（4）基础信息查询：以地图和表格相结合的方式对各县上报汇集的山洪灾害基础信息进行查询展示。基础信息查询内容应包括行政区基本信息、山洪灾害影响情况、历史山洪

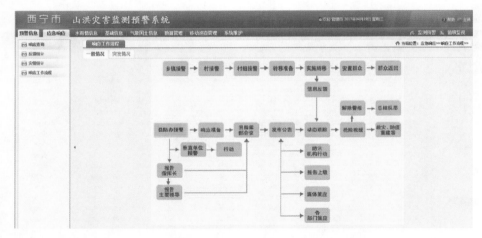

图 5.61　预警响应工作流程界面

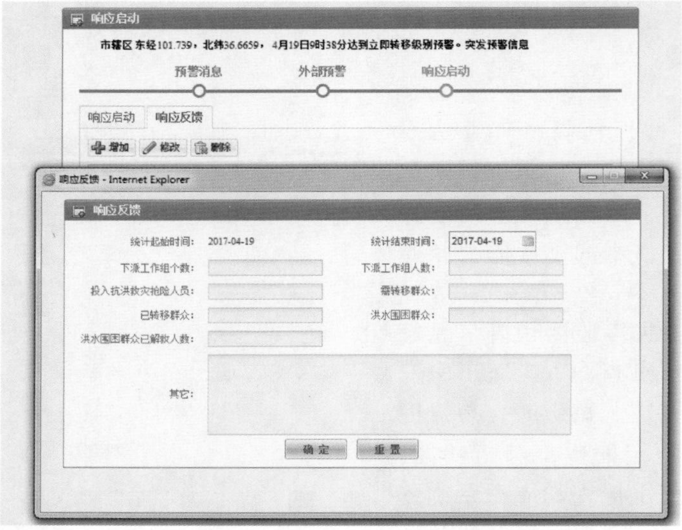

图 5.62　预警响应反馈界面

图 5.63　灾害统计界面

灾害情况、小流域基本情况、监测站基本情况、山洪灾害防御预案、山洪灾害预警指标、预警设施、危险区、安置点及转移路线、响应单位和责任人信息等（见图 5.64～图 5.68）。

（5）气象国土信息查询：能够查询展示气象、国土部门提供的共享信息。如查询天气预报、卫星云图、雷达图及国土部门提供的泥石流、滑坡等地质灾害点信息（见图5.69）。

图 5.64　行政区划基本情况界面

图 5.65　监测站基本情况界面

图 5.66　小流域本情况界面

图 5.67　县乡村基本情况表界面

图 5.68　大事件记录表界面

图 5.69　国土信息共享界面

（6）山洪灾害快报：能够根据最新雨水情、各县上报汇集的预警等信息，生成"山洪灾害快报"，为用户提供在线上传、编辑、浏览、下载等功能。山洪灾害快报的主要内容应包括：雨水情信息、预警情况、响应情况、灾害情况等（见图 5.70）。山洪灾害快报的保存格式为常用办公文件格式（如 .doc、.docx、.pdf 格式等）。

图 5.70　山洪灾害快报查询界面

（7）县级平台运行状况监视：有条件的地区，应增加对辖区内县级山洪灾害监测预警平台运行状况监视功能，包括网络状况、平台软件系统运行状态、实时数据共享情况等（见图 5.71～图 5.73）。

图 5.71　县级平台系统网络运行状况查询界面

图 5.72　县级平台系统数据运行情况查询界面

图 5.73　县级平台设备运行情况查询界面

（8）系统管理：提供用户管理、权限管理、报警设置、后台日志管理等系统功能（见图 5.74）。

5．数据共享汇集软件

（1）实时雨水情数据共享汇集如下：

1）数据内容：山洪监测预警平台需要共享汇集两类数据：山洪监测站实时雨水情数据、非山洪监测站实时雨水情数据。

2）共享方式：山洪监测站实时雨水情数据共享是各县通过报文方式上报到市（州）级平台，市（州）级平台上报到省级平台同时共享给市（州）水情中心；非山洪

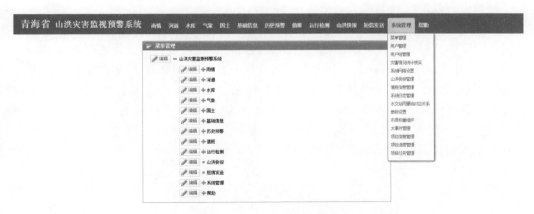

图 5.74　县系统管理界面

监测站的数据由自动监测站汇集到市（州）水情中心，市（州）水情中心通过前置机方式共享给市防办同时上报给省水文中心，省水文中心共享给省防办。共享流程如图 5.75 所示。

（2）基础数据共享汇集如下：

1）接收数据内容：山洪灾害防治基础数据汇集，主要是指汇集县级山洪灾害监测预警平台中的山洪灾害防治基础信息，包括行政区基本信息、山洪灾害影响情况、历史山洪灾害情况、小流域基本情况、监测站基本情况、河流基本情况、水库基本情况、堤防基本情况、山洪灾害防御预案、山洪灾害预警指标、预警设施、安全区、危险区及转移路线分布情况、预警部门情况和预警人员信息等。

2）共享方式：山洪灾害防治基础数据汇集可通过发布专门的数据上传页面，由县级用户以固定的文件格式打包整体发送，由省市级系统自动解析、入库。

上报流程如图 5.76 所示。

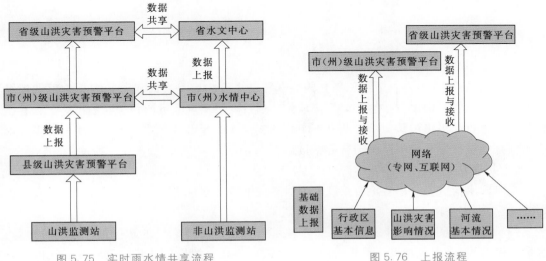

图 5.75　实时雨水情共享流程　　　　　图 5.76　上报流程

（3）预警实时信息共享汇集如下：

1）接收数据内容：预警实时数据主要包括行政区预警信息数据、预警关联测站雨水情数据、预警响应数据、预警响应反馈数据、预警灾害统计数据、预警消息数据等。

2）共享方式：各县按照《山洪灾害基础及预警数据上报要求》安装部署数据上报程序，外部预警同时上报到中央和省、市（州）级平台。自动产生预警上报到市级山洪系统，市级山洪系统通过判断后上报至省级平台，省级系统通过判断上报至国家平台。省、市（州）级系统采用统一组织开发的共享汇集软件，实现山洪灾害预警信息共享汇集。

山洪灾害预警信息上报和接收流程如图 5.77 所示。

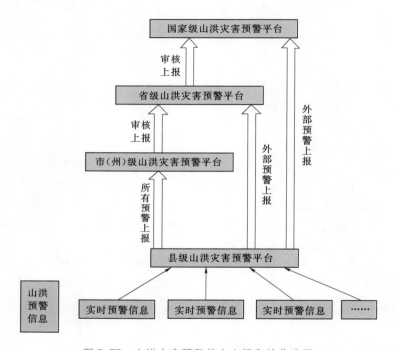

图 5.77　山洪灾害预警信息上报和接收流程

（4）上下游相邻县的数据共享如下：

1）接收数据内容：上下游相邻县的共享数据主要内容是实时雨水情数据，由省市级水文部门采用实时雨水情数据共享汇集软件，通过网络实现上下游相邻县数据共享。有条件的地区也可利用山洪预警信息共享汇集软件实现实时预警数据的共享。这块内容由省市级水文部门进行建设，本系统预留数据接口。

2）共享方式：

实时雨水情数据，由各地市系统向省级平台申请，通过审核后，由省级平台下发至市（州）级平台（见图 5.78）。

（5）气象信息共享汇集：共享省级气象部门提供的多要素气象站信息（含实时雨量、水情、墒情等）、天气预报与卫星云图、气象预报产品三类信息，其中卫星及天气预报通过公网抓取实现，其余内容需要省市级防汛部门会同气象部门进行商定。

5.4.3 预警短信群发系统

由于山洪灾害防御人员的手机入网运营商不同，而且移动、联通、电信三大运营商之间的短信收发存在行政壁垒，为确保山洪灾害预警短信畅通和端口号码的唯一，青海省防办向电信管理部门申请唯一的山洪灾害短信端口号10639188，分别租用三大运营商的短信专线，通过运营商各自的专线连接至各个运营商的短信网关，绑定三大运营商的短信网关在该短信统一端口号下。山洪灾害防御管理人员通过山洪灾害计算机专网登录预警短信平台发送紧急预警短信。山洪灾害短信息在传输过程中完全与外网物理隔离，确保短信息的安全和即时通达。

短消息网关由服务器、短信收发软件、短信端口、光纤电路组成，这种建设模式的优点是统一标准、统一端口号、易于管理（见图5.79）。

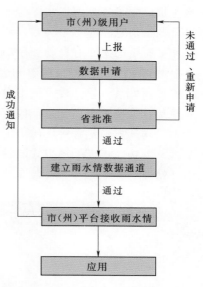

图 5.78　上下游相邻县的数据共享图

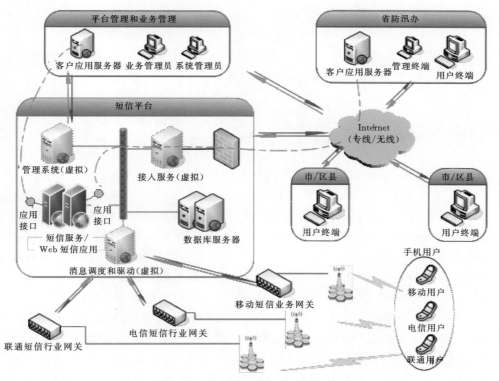

图 5.79　短信网关网络结构示意图

短信预警发布权限归属不同的山洪灾害防御负责人（或防汛部门）。县级预警信息由县级山洪灾害短信预警平台负责人（或防汛部门）授权后统一发布。短信内容主要包括：

洪水预报，雨量，溪河、水库涝池水位监测信息，预警等级，准备转移通知、紧急转移命令等。预警信息发布对象为县、乡、村的相关领导、防汛人员及相关责任人。

　　预警短信的发布有自动和手动两种方式。自动发布方式是短信预警平台预留相应的接口，提供相应的 API 接口函数和数据库接口，与山洪灾害预警系统软件对接，在收到由山洪灾害预警系统软件发送的山洪灾害预警信息后，自动向水行政主管部门、防汛指挥部门领导和有关技术人员、责任人发送短信。

　　手工发送方式是直接启用山洪灾害短信预警平台软件，通过短信预警平台提供的短信单发、群发功能，以手动方式向各级主管领导、责任人、防汛相关人员发送山洪灾害预警短信（见图 5.80）。

图 5.80　预警短信发送界面

5.5　本章小结

　　（1）建设成果：一是基本建成了山洪灾害防治区的监测网络。在山洪灾害防治区建设了 1001 处自动雨量监测站点、87 处自动水位监测站、87 处视频站、58 处图像站，共享气象水文等部门 200 余个站点，实现了对暴雨、山洪的及时准确监测，有效增加了山洪灾害防治区站网密度，初步解决了青海省山洪灾害防御缺乏监测手段和设施的问题。二是建成了纵贯省、市（州）、县、乡的计算机网络和视频会商系统，为实现中央、省、地市、县级甚至于到乡雨水情信息和预警信息共享共用、互联互通打下了网络基础。三是建成了青海省级、8 个地（市）级、26 个县级监测预警平台并延伸至 274 个乡镇。雨水情等基础信息可及时入库、汇集，共享水文监测站点和部分气象监测站点信息，实现了自动监测、实时监视、动态分析、统计查询、在线预警等功能，有效提高了各级防汛部门对暴雨山洪的监测预警水平，提高了预警信息发布的时效性、针对性、准确性。

　　（2）创新点。充分利用现代信息技术，将计算机网络、通信、多媒体应用、DEM、水情监测、水文预报、气象信息、社会经济信息等综合运用，建立了完善的集信息采集、信息网络、决策支持和预警预防于一体的山洪灾害监测预警体系填补了青海省山洪灾害监测预警系统的空白。

第 **6** 章

群 测 群 防 体 系

　　山洪灾害群测群防体系是指山洪灾害易发区的县（市、区）、乡（镇）两级人民政府和村（居）民委员会，组织辖区内企、事业单位和广大人民群众，在水利、防汛主管部门和相关专业技术单位的指导下，通过责任制建立落实、防灾预案编制、社区山洪灾害防御、防灾知识宣传、避险技能培训、避灾措施演练等手段，实现对山洪灾害的预防、监测、预警和主动避让的一种防灾减灾体系。

　　群测群防已成为山洪灾害防御非工程措施的主要手段和工具之一。它适应了青海省山洪灾害点多面广、突发性、局部性、成灾快的特点。在青海省山洪灾害主动防御体系构建项目实施过程中，青海省把群测群防体系建设作为形成山洪灾害防御主动防御体系的重要内容：建立和落实了五级防御责任，编制了县、乡、村及相关企事业单位、寺庙、学校的三级预案，配备预警设施设备，广泛开展宣传、培训和演练。基层村组（社区、学校、寺庙等）形成了被动接收信息和主动监测预警相结合的防御方式：一方面，接收县级、乡镇防汛指挥部门发送的预警信息，并传达到组、到户；另一方面，开展群测群防、自测自防，实现以村组（社区、学校、寺庙等）为单元的自我防御、主动防御。

　　通过几年的青海省山洪灾害群测群防体系建设实践，山洪灾害防御和所在地山洪风险正逐步为公众所了解、基层村组社区面对山洪灾害的主动防御能力不断增强，群众主动避险意识和自救互救能力显著提高。与此同时，我们逐步探索建立了富有青海特色的山洪灾害群测群防组织动员模式，概括为：以人为本、以避为上、政府主导、专业赋能、结合地治、注入职责、双线防御、村自为战、普及宣教、全位提能。

6.1　群测群防体系建设要求与内容

6.1.1　"十个一"工作要求

　　山洪灾害群测群防体系建设范围涉及县、乡（镇）、村，重点是村。在《山洪灾害群测群防体系建设指导意见》中明确提出，山洪灾害防治区内的行政村应按照"十个一"建设群测群防体系：建立 1 套责任制体系，编制 1 个防御预案，至少安装 1 套简易雨量报警器（重点区域适当增加），配置 1 套预警设备（重点防治区行政村含 1 套无线预警广播），制作 1 个宣传栏，每年组织 1 次培训、开展 1 次演练，每个危险区确定 1 处临时避灾点、设置 1 组警示牌，每户发放 1 张明白卡（含宣传手册）。"十个一"规范了群测群防体系村组单元的建设数量要求。青海省山洪灾害群测群防体系严格按照"十个一"组织。

6.1.2　建设内容

山洪灾害群测群体系建设内容包括责任制体系建立；县、乡、村山洪灾害防御预案编制；简易监测预警；宣传、培训和演练等。

6.1.2.1　责任制

山洪灾害防御工作实行各级人民政府行政首长负责制，建立县、乡（镇）、行政村、村民小组、户五级山洪灾害群测群防责任制体系，建立县、乡（镇）、行政村三级群测群防组织指挥机构。

有山洪灾害防御任务的县级行政区，山洪灾害防御工作由县级人民政府负责，由县级防汛抗旱指挥部统一领导和组织山洪灾害防御工作。有山洪灾害防御任务的乡（镇）成立相应的防汛指挥机构。县级、乡（镇）级防汛指挥机构设立监测组、信息组、转移组、调度组、保障组及应急抢险队等工作组。有山洪灾害防御任务的行政村成立山洪灾害防御工作组，落实相关人员负责雨量和水位监测、预警发布、人员转移等工作。

山洪灾害防治区内的旅游景区、企事业单位均应落实山洪灾害防御责任人，并与当地政府、防汛指挥机构保持紧密联系，确保信息畅通。

6.1.2.2　山洪灾害防御预案

山洪灾害防御预案是在现有防治设施条件下，针对可能发生的山洪灾害，事先做好防、撤、抢、救各项工作准备的方案。防灾预案是防御山洪灾害实施指挥决策和调度以及抢险救灾的依据，是基层组织和人民群众防灾、救灾各项工作的行动指南。地方各级人民政府，尤其是基层的县、镇（乡）、村级，应根据各地的特点，因地制宜地制定各地的防灾预案。

防灾预案分为县（市、区）、镇（乡）和行政村三级编制。县级山洪灾害防御预案由县级防汛指挥机构负责组织编制，由县级人民政府负责批准并及时公布。乡（镇）级、村级山洪灾害防御预案由乡（镇）级人民政府负责组织编制，由乡（镇）级人民政府批准并及时公布，报县级防汛指挥机构备案。县级防汛指挥机构负责乡（镇）级、村级山洪灾害防御预案编制的技术指导和监督管理工作。山洪灾害防御预案应根据区域内山洪灾害灾情、防灾设施、社会经济和防汛指挥机构及责任人等情况的变化，及时修订。

6.1.2.3　简易监测预警

在受山洪灾害威胁的社区（人员聚集区）等地，相关防汛责任人和群众在灾害风险识别的基础上，采用简易监测预警设备，利用相对简便的方法监测雨量和水位等指标并及时向受威胁群众传播预警信号，组织人员转移。

6.1.2.4 山洪灾害防御知识宣传

在山洪灾害防治区，应采用会议、广播、电视、网络、报纸、宣传片、宣传栏、宣传册、挂图及明白卡等多种方式持续宣传山洪灾害防御常识；在危险区设置警示牌、危险区标牌、避险点和转移路线标识牌等。应每年进行一次全方位、多层次、多形式的宣传发动，使群众掌握山洪灾害防御常识，了解山洪灾害危险区域，熟悉预警信号和转移路线，提高群众主动防灾避险意识，掌握自救互救能力。

山洪灾害防御宣传材料，包括宣传画册、宣传光碟、明白卡、宣传栏、警示牌、标识标牌、挂图、传单等，要按省级统一要求和统一规格样式进行制作、安装和发放。

6.1.2.5 山洪灾害防御知识培训

定期举办基层山洪灾害防御责任人培训，培训主要内容包括山洪灾害防御预案、监测预警设施使用操作、监测预警流程、人员转移组织等。

定期举办山丘区干部群众山洪灾害防御常识培训，培训主要内容包括山洪灾害基本常识和危害性、避险自救技能等。

6.1.2.6 山洪灾害防御演练

由县级防御机构组织或指导，山洪灾害防治区内的乡（镇）和村，定期组织防御山洪灾害应急演练，旨在提高防御机构的工作能力，使群众熟悉预警信号、转移路线和避险地点，提高人民群众遇到山洪灾害时的自救能力和逃生能力，检验山洪灾害应急预案和措施的可行性，锻炼防汛抢险队伍、各响应部门的应急能力。

乡（镇）级演练的项目和内容可丰富齐全，包括预警发布、紧急转移、抢救伤员、防疫等内容。村级演练则可适当简化，主要内容为预警信息发布和人员转移。

6.2 责任制

为了开展县（市、区）小流域山洪灾害防御工作，应先建立全面覆盖的县（市、区）、乡（镇、街道）、村、组、户五级山洪灾害防御群测群防组织体系与责任制体系。县（市、区）、乡（镇、街道）、村、组及有关部门各负其责，相互协作，实施山洪灾害防御工作，及时做好雨水情监测、预警信息发布、组织人员转移和抢险工作。其中在组织体系中落实各级负责人及其联络方式，建立紧急状态下监测、预警信息传输机制，形成以县（市、区）山洪灾害防御指挥部为核心，覆盖易受山洪灾害威胁全部人员的责任制体系，通过责任制体系的建设，确保监测、预警信息传递畅通，确保各级山洪灾害防御预案的启动、执行及运转得顺畅有序。群测群防组织指挥机构主要在区县、乡镇、重点村一级建立，组、户由村一级负责预警、通信。群测群防组织体系见图6.1。

6.2.1 组织机构

6.2.1.1 县级组织机构

县级山洪灾害防御由县级人民政府负责，县级行政主要负责人负总责。根据山洪灾害防御需要，各县（市、区）应设立山洪灾害防御指挥部，指挥部与县（市、区）防汛抗旱指挥部合署办公，受防汛抗旱指挥部统一指挥。指挥部设指挥长、副指挥长及相关组成人

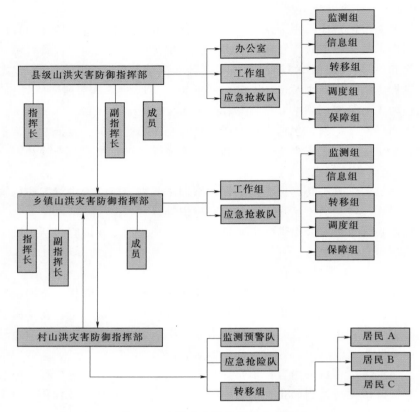

图 6.1　山洪灾害防御组织体系构成

员。指挥长由县级防汛抗旱指挥部指挥长兼任，副指挥长由县政府办、人武部、水利局负责同志担任，成员在县防汛抗旱指挥部成员基础上，可适当进行扩充，包括发改、人武部、水利、国土、财政、农业、民政、气象、建设、交通、公安、教育、电力、广电、电信、林业、卫生等相关职能部门或单位。

各县级山洪灾害防御指挥部为本县（市、区）的山洪灾害防御组织机构，统一领导和组织全县（市、区）的山洪灾害防御工作，各成员单位各负其责，实行山洪灾害防御工作。根据山洪灾害防御需要，指挥部下设县（市、区）山洪灾害防御指挥部办公室，根据防御山洪的需要抽调各县（市、区）的相关部门和人员成立 5 个工作组（即监测组、信息组、转移组、调度组、保障组）及应急抢险队。

办公室可设在县级防汛抗旱指挥部办公室，负责县级山洪灾害指挥部日常工作。

监测组：主要由水利局、国土局、气象局、水文站及相关部门抽派人员组成。

信息组：主要由水利局、国土局、气象局、广电局、水文站、电信及相关部门抽派人员组成。

转移组：主要由县政府办、人武部、交通局、公安局、民政局、教育局及相关部门抽派人员组成。

调度组：主要由水利局、交通局、国土局、民政局、建设局、公安局、电信公司、电力公司及相关部门抽派人员组成。

保障组：主要由发改局、交通局、林业局、民政局、建设局、财政局、公安局、电信公司、电力公司、卫生局、电力局及相关部门抽派人员组成。

应急抢险队：主要由人武部、公安局、交通局、水利局抽派人员组成，成立 3～5 个应急抢险队，每队至少 20 人。

6.2.1.2 乡（镇）级组织机构

各乡镇均应成立由有关单位组成的山洪灾害防御领导小组，按照乡镇山洪灾害防御预案，负责辖区内的山洪灾害防御工作。在乡（镇）设立山洪灾害防御指挥机构，特别是在各县（市、区）山洪灾害危险区所在的乡（镇）应成立山洪灾害防御指挥机构，领导和组织乡（镇）的山洪灾害防御工作，指挥机构设指挥长、副指挥长、成员。指挥长由乡（镇）长担任，副指挥长由分管副乡（镇）长担任，成员由水利、国土、民政、气象、建设、交通、公安、卫生等相关职能部门的乡（镇）负责人组成。

各乡（镇）防御指挥机构分别下设监测、信息、转移、调度、保障等 5 个工作组和应急抢险队。工作组成员由各乡镇根据防御山洪的需要抽调相关部门和人员构成，每个工作组为 3～10 人；应急抢险队设 2～3 个，主要由乡镇的基干民兵组成，每队不少于 10 人。

6.2.1.3 村级山洪灾害防治组织机构

各行政村应设立山洪灾害防御工作组。组建以基干民兵为主体的监测预警队、应急抢险队、人员转移组，并造花名册报送乡（镇）、县（市、区）指挥机构备查。

6.2.2 部门职责

山洪灾害防御工作实行各级人民政府行政首长负责制，并分级分部门落实岗位责任制和责任追究制。

6.2.2.1 县级山洪灾害防治机构职责

1. 总体职责

县级山洪灾害防御指挥部在指挥长的统一领导下，负责全县山洪灾害防御工作（见表 6.1）。具体职责如下：

（1）贯彻执行有关山洪灾害防御工作的法律、法规、方针、政策和上级山洪灾害防御指挥部的指示、命令，统一指挥本县内的山洪防御工作。

（2）贯彻"安全第一、常备不懈、以防为主、全力抢险"的方针，部署年度山洪灾害防御工作任务，明确各部门的防御职责，落实工作任务，协调部门之间、上下之间的工作配合，检查督促各有关部门做好山洪灾害防御工作。

（3）遇大暴雨，可能引发山洪灾害时，及时掌握情况，研究对策，指挥协调山洪灾害抢险工作，努力减少灾害损失。

（4）督促有关部门根据山洪灾害防治规划，按照确保重点、兼顾一般的原则，编制并落实本县的山洪灾害防御预案。并组织有关人员宣传培训山洪灾害防御预案及相关山洪灾害知识。

（5）建立健全山洪灾害防御指挥部日常办事机构，配备相关人员和必要的设施，开展山洪灾害防御工作。

（6）在指挥长统一领导下，水利、国土、民政、公安、卫生等相关职能部门各负其责，相互协调，共同做好山洪灾害防御及抢险救灾工作。

2. 部门职责

办公室：具体负责指挥部的日常工作。

监测组：负责做好监测辖区的雨量站、水位站等的雨量、重要水利工程、危险区及洪泛区水位、山体开裂、泥石流沟和滑坡点的位移等观测信息的发送、汇总、处理、共享和接受、执行县级山洪灾害防御指挥部的各种指令。

信息组：负责对县（市、区）防汛指挥部、气象、水文、国土等部门汛前各种信息的收集与整理，及时掌握和报告暴雨洪水预报、本地降雨、山溪河水位、山体开裂、滑坡、泥石流、水库溃坝、决堤等信息，为山洪灾害防御指挥决策提供依据。

转移组：负责按照上级指挥部下达的命令及预报警报通知，组织群众按规定的转移路线转移，一个不漏地动员到户到人，同时确保转移途中和避险后的人员安全。

调度组：负责与公安、武警、消防、交通、粮食、民政、水利、电信、物资、卫生等部门单位的联系和安排完成危险区居民的转移避险工作；负责调度各类险工险段的抢险救灾工作；负责调度抢险救灾车辆、船舶等；负责调度抢险救灾物资、设备。

保障组：负责了解、收集山洪灾害造成的损失情况，派员到灾区实地查灾核灾，汇总、上报灾情数据；做好灾区群众的基本生活保障工作，包括急需物资的组织、供应、调拨和管理等；指导和帮助灾区开展生产自救和恢复重要基础设施；负责救灾应急资金的落实和争取上级财政支持，做好救灾资金、捐赠款物的分配、下拨工作，指导、督促灾区做好救灾款物的使用、发放和信贷工作；组织医疗防疫队伍进入灾区，抢救、治疗和转运伤病员，实施灾区疫情监测，向灾区提供所需药品和医疗器械。筹措、准备、储存、调度、管理所有抢险救灾物资、车辆等，且负责善后补偿与处理工作。负责转移人员的避险，逐户逐人落实，负责被避险户原房屋搬迁、建设及新的房基地用地审批手续的联系等工作。

应急抢险队：在紧急情况下听从县（市、区）级山洪灾害防御指挥部命令，进行有序的抢险救援工作。同时，在平时进行相关的应急抢险演习，保证灾害来临时，应急抢险工作快速、高效、有序进行。

表 6.1　　　　　　　　　　互助县山洪灾害防御分工责任制及目标（实例）

责任人（职务）	联系电话（办）	责 任 制	具体责任目标
总指挥县长		全面负责山洪灾害防御的指挥工作	使全县灾害损失减少到最低限度
副总指挥 县委分管领导、县政府分管领导		负责山洪抢险有关协调工作	对责任区各方提出的要求，根据情况，合理配备人力、物料，满足防御各项工作正常展开
县武装部部长		负责组织民兵抗洪抢险队伍	组织民兵抢险大队 1000 人，分 10 中队，每中队 100 人
水利局局长		负责防御灾害指挥日常工作	处理指挥部日常事务，及时向总指挥汇报山洪灾害防御实施情况

责任人（职务）	联系电话（办）	责任制	具体责任目标
公安局局长		负责山洪灾害期间的社会治安、安全保卫工作，严厉打击破坏防洪工作的违法行为	保障山洪灾害防御工作的正常实施，必要时，实行交通管制
发改局局长		负责防汛、水毁、抢险、救灾所需物资、器材的调拨供应以及上报争取所需资金	保障山洪灾害抢险所需的草袋、编织袋、水泥、钢材等物资的供应
财政局局长		负责防洪救灾、水毁工程所需补助资金的筹集工作	确保防汛资金的及时到位
农业局局长		负责灾区农业生产	确保灾后种子的调配储存工作
林业局局长		负责组织防洪抢险用的竹、木物资供应工作	确保防洪抢险所需的毛竹、木材供应
经贸商局局长		负责防汛抢险期间所属企业的防汛抢险和紧急转移	确保企业安全生产不受太大的损失
交通局局长		负责防汛抢险、救灾、水毁工程所需车辆、船舶调度	保证防洪抢险救灾物资的及时运输和所需车辆船舶供应，主汛期要有两辆以上车辆库存待命
卫生局局长		负责抗洪救灾期间的医疗救护及灾区的防疫工作	保灾后无疫情发生
民政局局长		负责灾民安置工作和临时帐篷的供应	确保灾民能妥善安置
供销社主任		负责防洪、救灾的生产和生活、副食品、化肥、农药物资的组织供应工作	确保灾区人民日常生活用品、副食品的供应。代储存编织布 2000m²
住建局局长		负责做好沿河岸路口的封堵	确保灾民能妥善安置
供电公司经理		负责抗洪抢险照明用电和排涝设备用电的供应工作	确保抗洪抢险所需照明设备和排涝设备用电
电信公司经理、移动公司经理		负责抗洪抢险的通信联络和通信线路的抢修、架设	确保水情、雨情、险情顺利传递，必要时，负责架设电台、提供手机
气象局局长、水文站站长		负责提供天气雨情、水情趋势分析	提供实时雨、水情及趋势
国土资源局局长		负责提供、组织监测地质灾害信息	组织对山体滑坡、崩塌、地面塌陷、泥石流等地质灾害勘察、监测、防治等工作

6.2.2.2 乡级山洪灾害防治机构职责

1. 总体职责

各乡（镇、街道）山洪灾害防御指挥机构在乡镇党委、政府统一领导下，在县（市、区）山洪灾害防御指挥部的指导下开展山洪灾害防御工作，发现异常情况及时向有关部门汇报，并采取相应的应急处理措施。具体职责如下：

（1）制定完善并落实本乡（镇、街道）山洪灾害防御预案，负责山洪灾害防御避灾躲灾有关的责任落实、队伍组建、预案培训演练、物资准备等各项工作。

（2）掌握本乡（镇、街道）山洪险情动态，收集各地雨情、水情、灾情等资料，及时上报发布预警信息，并督促各村定期进行水库、山塘、堤防等险工险段的监测巡查。

（3）指挥调度、发布命令、签发调集抢险物资器材，并组织上报本乡（镇、街道）山洪灾害相关信息。

（4）指挥并组织协调各村进行群众安全转移，落实避险灾民及做好恢复生产工作。

2. 部门职责

监测组：负责本乡（镇、街道）区域内雨水情的监测工作及水库、山塘、堤防等险工险段的监测巡查，及时提供有关信息，如遇紧急情况可直接报告县级山洪灾害防御指挥部。

信息组：负责对县级山洪灾害防御指挥部、气象、水文、国土等部门汛前各种信息的收集与整理，掌握雨水情、水库溃坝、决堤等信息及本乡（镇、街道）各村组巡查信息员反馈的灾害迹象，及时为指挥决策提供依据。

调度组：负责与水利、公安、民政、卫生等部门的联系，按照山洪灾害防御预案和人、财、物总体情况，负责做好抗洪抢险人、财、物的调度工作，确保抗灾工作迅速、有效地进行。

转移组：按照县、乡（镇、街道）山洪灾害防御指挥机构的命令及预报通知，组织群众按预定的安全转移路线，一个不漏地动员到户到人。必要时可强制其转移，同时确保转移途中和避险后的人员安全，并负责转移后群众、财产的清点和保护。

保障组：按照县、乡（镇、街道）防指的命令及预报通知，负责抢险物资、设备供应及后勤保障等工作。负责了解、收集山洪灾害造成的损失情况；做好灾区群众的基本生活保障工作；指导和帮助灾区开展生产自救和恢复重要基础设施；负责救灾应急资金的落实和争取上级财政支持；组织医疗防疫队伍进入灾区，抢救、治疗和转运伤病员，实施灾区疫情监测，向灾区提供所需药品和医疗器械；负责维护灾区社会秩序。

应急抢险队：随时听从县级山洪灾害防御指挥部命令，在紧急情况下听从命令进行有序的抢险救援工作。

信号发送员：在获得险情监测信息或接到紧急避灾转移命令后，立即按照有关程序并通过各种方式发布报警信号。

互助县红崖子沟乡乡级责任制（实例）

组织指挥机构

指　挥：牛得海

副指挥：李积武　舒乃东

成　员：王炯慧　张博如　杨成祥　马福祥　陈永清　王　云　雷有峰　祁生瑛
　　　　李德邦　洪羊快　薛天伟　李积森　李春年　马满德
　　　　朱广芝各村村委会主任

防汛指挥部办公室设在镇政府，舒乃东同志任办公室主任，具体负责指挥办公室防汛值班、汛情汇报、上报下达、防汛抢险、防汛预案的制定和防汛物资的准备等日常工作。

职责和分工

为了加强防汛工作规范化建设，切实落实防汛安全责任制和抗洪抢险措施，进一步增强乡、村两级干部防汛风险意识，应变决策和协调能力、实行分工责任制。各村要成立以村支部书记、村委会主任为队长，民兵为主力的防汛抢险队，全面负责防汛抗洪安全工作。

分片责任人名单

1 片长：王炯慧

成员：李吉德、沙春德、张得祥、杜春香。

2 片长：张博如

成员：李合得、许得洪、李国统、陈育蓉。

3 片长：杨成祥

成员：周成贵、祁守林、李智春、仇寿琴。

4 片长：马福祥

成员：张永财、阿生贵、张生泰、刘应存。

5 片长：舒乃东

成员：刘大延、湛永清、任永玲、白永乾。

6 片长：陈永清

成员：雷发洪、张永年、贺生荣、蔡启祥。

7 片长：王　云

成员：吴朝云、吴万春、李永福、陈得仑。

8 片长：雷有峰

成员：晋成耀、刘明财、黄天福、梅珑春。

防汛包片责任制

坚持"预防为主、全力抢险"的方针，积极弘扬"团结协作、顽强拼搏、敢于吃苦、乐于奉献"的抗洪精神，加强领导、落实措施、坚决克服麻痹松懈的思想，力保人民生命财产不受大的损失，为实现全年工作目标提供可靠安全保障。

防汛指挥办公室各成员在分片责任区内，对汛前、汛期、汛后全过程进行检查和指导，发现问题及时督促处理，并将有关情况及时向防汛指挥办公室做出书面汇报。

6.2.2.3　村级山洪灾害防治机构职责

1. 总体职责

在山洪灾害防治区各行政村设立以村主任为负责人的山洪灾害防御指挥机构，各村应成立以民兵为主体的应急抢险队、监测预警队，确定监测预警员。具体职责如下：

（1）协助乡（镇、街道）制定和完善山洪灾害防御预案，并负责执行落实；组织参加预案培训演练，落实本村山洪灾害防御避灾躲灾各项工作。

（2）负责山洪灾害危险区的监测和洪灾抢险，随时掌握雨情、水情、灾情、险情动态，负责上报本村的雨水情等资料，组织人员进行水库、山塘、堤防等险工险段的监测巡查，并及时向村民发布预警。

（3）落实上级发布的防御抢险等命令，组织群众安全转移与避险、抢险，落实避险灾民及做好恢复生产工作。

（4）负责灾前灾后各种应急抢险、工程设置修复等工作。

2. 部门职责

监测预警队：负责对县、乡级防汛指挥部、气象、水文、国土等部门汛前各种信息的接受并及时转报村指挥机构，负责本村山洪信息监测及监测站点的日常运行管理工作，发现险情及时向相关部门报告，负责具体指挥本村人员及时的转移撤离工作。紧急情况下，监测人员可自行发布预警、报警信号。

应急抢险队：在工程出险等紧急情况下，听从命令，转移危险区域内的人员和财物，进行有序的抢险救灾工作，必要时对周边村组进行支援。

转移组：按照县、乡级、村级防指的命令及预报通知，转移危险区域内的人员和财物，组织群众按预定的安全转移路线，一个不漏地动员到户到人。必要时可强制其转移，同时确保转移途中和避险后的人员安全，并负责转移后群众、财产的清点和保护。

互助县红崖子沟乡张家村村级责任制（实例）

张家村成立村级山洪灾害防御工作领导小组（简称领导小组），在县指挥部和乡指挥部的领导下，组织、指挥、领导本行政村的山洪灾害防御工作。

组　　长：张　珍　　　　　13649726＊＊＊
成　　员：李占兰　　　　　13369724＊＊＊

领导小组下设巡查监测组、应急抢险组、转移组、保障组等4个小组，并设办公室，办公地点设在村委会。

职责和分工

组长：负责全村山洪灾害防御工作，组织实施本村山洪灾害防御预案的实施及领导小组及成员职责落实；根据山洪预警信息和汛情的发展，协调各组成员开展工作，发布人员转移命令、签发调集全村抢险物资器材和全村防御山洪灾害总动员令；请示上级政府部门调用抢险队伍及物资支援。

巡查监测组：负责对县防指、镇防指、气象、水文、国土资源等部门汛前各种信息的收集整理与传递；掌握本村区域内的各类水利工程工况及山体开裂、滑坡、泥石流暴发等迹象、暴雨和洪水预报预警信息及险情灾情动态，及时向组长反馈信息，并按组长的命令发布预警、报警信号。

转移组：在接到转移命令后，各转移队队员自备电筒、雨衣等工具，按预定的转移路线组织转移危险区、警戒区内的人员和财物，群众转移工作完成后转入工程抢险。

保障组：负责群众临时转移后的基本生活保障工作；负责抢险物资、设备的供应保障，转移群众、财产的清点保护等后勤保障工作。

应急抢险队：在工程未出险前，协同转移队组织转移危险区、警戒区内的群众。在工程出险等紧急情况时，听从命令进行工程抢险救灾。

领导小组成员分工：

组织指挥：张　珍
广播员：张　珍

巡查监测组、转移组、保障组、应急抢险队负责人由村书记指定，分别由村长和各社社长担任并兼铜锣员、口哨员。

6.3 山洪灾害防御预案

山洪灾害防御预案是防御山洪灾害、实施指挥决策、调度和抢险救灾的依据，是基层组织和人民群众防灾、救灾各项工作的行动指南。为有效防御山洪灾害，保证抗洪抢险工作高效有序进行，最大限度地减少人员伤亡和财产损失，杜绝群死群伤，青海省 26 县均制定了山洪灾害防御预案。县、乡（镇）及行政村、寺庙、学校、工矿企业等根据各自的山洪灾害防御特点、防御现状条件，分别编制县、乡、村（寺庙、学校、工矿企业）三级山洪灾害防御预案。所有预案经审查批准后纳入了县级平台预案库。目前，全省已编制完成 26 个县（市、区）、286 个乡镇和 1926 个村级山洪灾害防御预案。

6.3.1 县级预案编制

县级山洪灾害防御预案按照国家防办下发的《山洪灾害防御预案编制导则》（SL 666—2014）要求进行了编制。县级预案编制主要内容包括：

（1）县级行政区自然和经济社会基本情况、山洪灾害类型、历史山洪灾害损失情况、山洪灾害的成因及特点。

（2）县级山洪灾害防御部门职责及责任人员。县级防汛抗旱指挥部为山洪灾害的管理机构，总指挥由各县县长担任，县委书记任政委。主要职责任务是充分利用现有气象、水文及地质灾害监测设施，组织县水利、气象、水文、国土、通信、广电等专业部门建立山洪灾害预警中心；制定完善的防灾、救灾预案和防洪工程防汛预案；明确相应组织机构设置和职责；综合分析，加强会商，做好山洪灾害预报预警和抢险救灾等组织指挥工作。县级防汛抗旱指挥部成员各单位按照各自职责，负责山洪灾害防御的有关工作。

（3）区域内有山洪灾害防治任务乡（镇）的防灾任务、要求和山洪灾害防御措施。

（4）监测通信和预警系统、预警程序和方式。

根据山洪灾害的严重性和紧急程度，划分不同的预警级别，按不同的级别由县级防汛指挥部向社会发布。山洪灾害预警指标以小流域为单位，从下至上，组→村→乡→县，依次确定山洪灾害预警指标。参照历史山洪灾害发生时的降雨情况，根据本县的暴雨特性、水库水位、工程险情、流域山洪灾害特性等不同指标，研究确定可能发生山洪灾害的临界值。

（5）转移安置要求、抢险救灾及灾后重建等各项措施、日常的宣传、演练等。

6.3.2 乡（镇）级预案编制

各乡（镇）的防汛部门在县防办的业务指导下负责完成本乡（镇）境内的山洪灾害防御方案的编制，同时要会同县防办指导本乡（镇）境内的村级山洪灾害防御方案的编制，乡（镇）山洪灾害防御预案的编制内容主要包括以下 4 个：

（1）调查了解区域内的自然和经济社会基本情况、历年山洪灾害的类型及损失情况，分析山洪灾害的成因及特点，在调查研究的基础上评价山洪灾害的风险，划分危险区和安全区。

（2）确定乡（镇）、村级防御组织机构人员及职责；充分利用已有的监测及通信设施、设备，制订实时监测及通信预警方案，确定预警程序及方式，根据预报及时发布山洪灾害预警信息。

（3）确定转移安置的人员、路线、方法等，拟定抢险救灾、灾后重建等各项措施，安排日常的宣传、演练等工作。行政村山洪灾害防御预案的编制内容包括：调查了解山洪灾害的危险区和安全区；明确、落实村级防御组织机构人员及职责。

（4）了解预警和转移安置的程序及方式，制定和完善县、镇、重点行政村的防御山洪灾害预案，将防御山洪灾害纳入各级政府的日常工作，常抓不懈。

6.3.3　村级预案编制

各行政村、各村的行政负责人，负责组织力量在县及乡（镇）防办的业务指导下负责本村山洪灾害防御预案的编制（见图6.2），其主要内容包括以下5点：

（1）山洪灾害的危险区和安全区的划分，并分别统计危险区和安全区人数。

（2）明确、落实村级防御组织机构人员及职责。

（3）预警和转移安置的程序及方式。

（4）确定具体的转移路线及方式。

（5）安排日常的宣传和群测群防工作。

图 6.2　青海省部分县、乡（镇）、村级山洪灾害防御预案

6.3.4　寺庙（学校、工矿企业）预案编制

青海是多民族聚集地，有多种宗教信仰，区域内寺庙分布广泛，多位于半山腰，交通电力通信设施不发达地区，为有效地防治山洪灾害防御死角，我省组织各县，制定翔实周密、易于操作预案。寺庙所属村行政负责人，负责组织力量在县及乡（镇）防办的业务指导下负责本村所属寺院山洪灾害防御预案的编制（见图6.3），其主要内容包括以下5点：

（1）山洪灾害的危险区和安全区的划分，并分别统计危险区和安全区人数。

（2）明确、落实寺院防御组织机构人员及职责。

（3）预警和转移安置的程序及方式。

（4）确定具体的转移路线及方式。

（5）安排日常的宣传和群测群防工作。

图6.3　青海省部分寺庙山洪灾害防御预案

6.4　简易监测预警

根据预警信息的不同获取渠道，分为从县级监测预警平台获取信息和群测群防获取信息两种途径。预警信息的发布主要由各级山洪灾害防御指挥部门或者群测群防监测点上的监测人员通过预警信息传输网络和其他方式完成（见图6.4）。

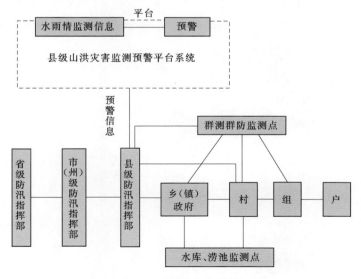

图6.4　预警信息流程

6.4.1　预警流程

6.4.1.1　县级平台预警流程

　　县级防汛指挥部门获取预警信息后，向各乡（镇）政府发布下发预警信息，各乡（镇）政府将预警信息及时传输给村、组、户。紧急情况下县级防汛部门可直接对村、组、户发布预警信息（见图 6.5）。

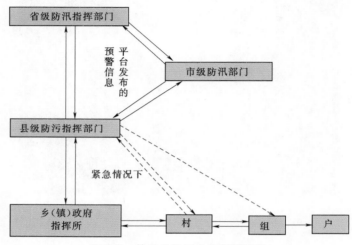

图 6.5　基于县级平台的预警流程

6.4.1.2　乡村群测群防的预警流程

　　群测群防预警信息的获取来自县、乡（镇）、村或监测点。由监测人员根据山洪灾害防御培训宣传掌握的经验、技术和监测设施观测信息，发布预警信息。县级防汛指挥部门接收群测群防监测点、乡（镇）、村的预警信息，逐级发布。各乡（镇）政府除接收县防汛部门发布或下发的预警信息，还接受群测群防监测点、村和水库、涝池监测点的预警信息。村、组接受上级部门和群测群防监测点、水库、涝池监测点的预警信息（见图 6.6）。

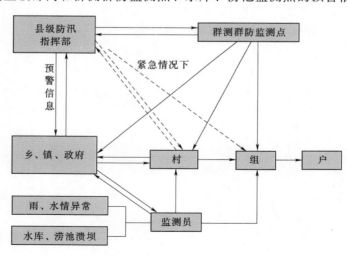

图 6.6　群测群防的预警流程

6.4.2 预警信息发布

6.4.2.1 预警信息发布的权限和对象

预警信息主要包括降雨监测信息，水库及河道水位监测信息，暴雨洪水预报信息，降雨、洪水位是否达到临界值，预警信息等级等。

根据预警信息获取途径不同，预警发布权限归属不同的防汛负责人（或防汛部门）。县级山洪灾害防御预警系统的预警发布权限归县防汛负责人（或防汛部门）。依靠群测群防进行预警的乡、镇、村，预警发布权限归属乡（镇）、村的防汛负责人（或防汛部门）和监测员。

预警信息发布对象为可能受山洪威胁的城镇、乡村、居民点、学校、工矿企业等。根据预警等级确定不同的发布对象，具体发布对象由预案确定。

6.4.2.2 预警发布方式

山洪灾害预警方式应根据发生山洪灾害的严重性和紧急程度与当地的经济状况、通信发展水平经综合比较分析确定，目前常用的预警方式有电话、电视媒体、手机短信、预警广播、视频会商等现代预警手段与手摇报警器、喇叭、鸣锣、人员喊话等传统预警方式。

县级山洪灾害监测预警平台系统通过对各种监测信息的统计分析，能及时作出反应，当降雨达到预警级别时启动预警系统，可对各级防汛指挥机构、防汛成员单位以及危险区群众发布预警短信息，同时启动危险区广播预警系统和电话预警系统，及时通知山洪灾害危险区群众做好防灾避灾准备。

1. 短信预警

短信通信作为一种快速便捷的通信方式，非常适合作为应急信息的传输方式。通过在省级统一部署山洪灾害监测预警平台短信网关，租用移动、联通、电信等各运营商的行业短信信道，各市、县预警平台统一接入，这样节省了投资，同时也大大提高了短信服务的可靠性和保障率。为保证短信信道的双备份，可在每县另部署短信群发设备作为备用发布方式，在规定的条件下由山洪灾害预警系统软件自动或人工干预后发送山洪灾害预警信息。

短信平台通过预警系统分析引擎能自动生成短信并发送到规定收件人。短信机要求能在短时间内发出大量短信，设备性能稳定，与计算机连接良好并具自动启动、群发等功能。

同时要充分利用第三方平台在有重大险情时，大范围的发布预警信息。第三方平台主要为中国联通 10010、中国移动 10086、中国电信 10000 等通信运营商的公众业务平台，开通青海省山洪预警短信专用端口（10639188），搭建了覆盖全省的山洪预警短信平台，全省有山洪灾害防御任务的 8 市（州）级和 26 个县（市、区）级山洪灾害监测预警平台全部接入省级短信平台，实现预警短信息的无缝发送。当有险情发生，防汛预警发布部门通知电信运营商的呼叫平台，利用他们的信息发布平台将信息推送到可能会发生险情区域内的所有的电话或手机。

2. 电话传真预警

电话、传真作为各级预警信息传递的主要通道，必须可靠、高效。通过在县级配备传真群发服务器，乡（镇）配备传真机，结合县级山洪灾害监测预警平台电话传真预警发布模块，通过外拨方式自动向列表中的各个单位传送山洪灾害预警信息或调度指示文件等，克服人工拨号打电话、发传真，费时易出差错的问题（见图6.7和图6.8）。

图 6.7　预警传真群发设备（西宁市辖区）　　　图 6.8　西宁市预警传真机（西宁市辖区）

3. 无线预警广播

无线预警广播系统采用无线技术实现山洪灾害预警信息到末节点的信息传送。山洪灾害防治无线预警广播Ⅰ型机只接收公网信号和本地音频信号，并具有控制、播出和音频功率放大功能的预警终端设备。

山洪灾害防治无线预警广播Ⅱ型机包括两部分：调频发射端和调频接收端。调频发射端由无线预警广播Ⅰ型机和调频发射机组成。调频接收端用于接收发射机发来的调频预警信号，并具有控制、播出和音频功率放大功能，也可具有接收公网信号和本地音频信号的功能。在乡镇及行政村村委会安装调频发射机，周边 10km（根据地理环境及设备功率定）范围辖区内的村小组或其他村委会安装同频点的调频收扩机及扩音喇叭。当有山洪灾害预警信息时，在调频发射机端发布预警信息，同频段的收扩机均可以接收到预警信息并广播出来。无线广播还具有远程电话呼入广播、短信、磁带、U 盘播放、本地话筒喊话等实用功能。

青海省山洪灾害主动防御体系构建项目中，无线预警广播设备主要采用无线预警广播（Ⅰ型）。接收 GSM/GPRS 公网信号、有线电话和本地音频信号，并具有控制、播出和音频功率放大功能的预警终端设备（见图 6.9 和图 6.10）。

4. 简易预警设备

对于山高，地形复杂、缺乏电力供应的偏远山洪易发区，电话、传真、新闻媒体、短信、Internet 网络等现代预警方式难以实现预警时，可采用手摇报警器、喇叭、敲锣、人员喊话等传统的简易预警方式。简易监测预警设备是相对于专业监测预警系统而言的，一般由山洪灾害防治区群众进行操作使用，采用相对简便的方法监测雨量和水位等指标并及时向受威胁群众传播预警信号。简易监测预警设备分为两类：一类是自带监测和报警功能的设备，主要是简易雨量报警器和简易水位站；另一类为预警信息扩散传播设备，包括无线预警广播、铜锣、手摇警报器、高频口哨等。两类设备需要配合使用，由简易雨量报警器或简易水位站进行监测并报警，由无线预警广播或铜锣等传达预警信息。

全省 26 县（市、区）建 2563 套无线预警广播站，8239 个手摇报警器，9421 个锣、

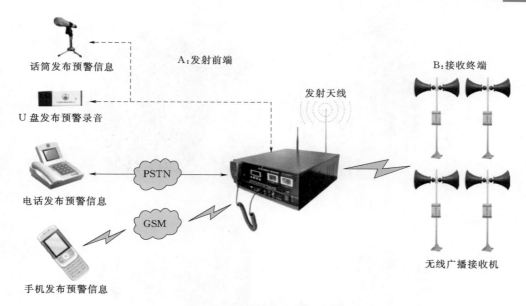

图 6.9　无线预警广播组成图

（a）主机　　　　　　　　　　　　（b）扬声器

图 6.10　预警广播主机与扬声器（西宁市城西区彭家寨镇火西 2 社村）

鼓、号、口哨（见图 6.11）。

6.4.3　预警设施设备

6.4.3.1　无线预警广播

无线预警广播根据组网方式可分为Ⅰ型机和Ⅱ型机。

山洪灾害防治无线预警广播Ⅰ型机单独组网，只接收公网信号和本地音频信号，并具有控制、播出和音频功率放大功能的预警终端设备。

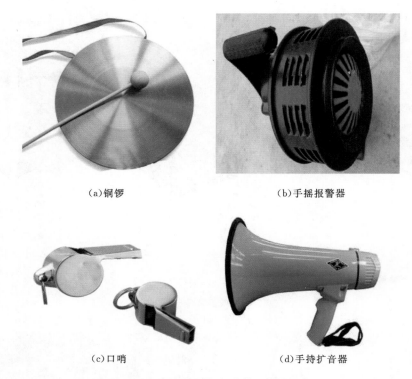

(a)铜锣 　　　　　　　　　　　　　　(b)手摇报警器

(c)口哨 　　　　　　　　　　　　　　(d)手持扩音器

图 6.11　青海省配备各种简易预警设备

山洪灾害防治无线预警广播Ⅱ型机包括两部分：调频发射端和调频接收端。调频发射端由无线预警广播Ⅰ型机和调频发射机组成。调频接收端用于接收发射机发来的调频预警信号，并具有控制、播出和音频功率放大功能，也可具有接收公网信号和本地音频信号的功能。

所选设备需通过水利部科技推广中心和减灾中心共同组织的山洪灾害防治无线预警广播设备测评。同时要求设备具有定时自检（汛期至少每天一次）发送平安报（包括供电方式、备用电池电压、交流电状态、功放、喇叭状况等）的功能，当检测到异常后设备应立即向管理平台报警，并支持远程设置。

管理平台安装在县级平台服务器上，实时监测设备的工况（电源、功放等）及使用日志，非法攻击。在设备出现故障情况下能提供报警提示，保障预警系统的可靠性。并提供远程管理无线预警广播的功能。

无线预警广播接收到预警信息时，设备自动打开音频功放及发射机的电源进行信息发布并存储/上报相应的日志，发布完成后设备自动进入低功耗值守状态。

信号源优先级别：紧急报警→电话→短信→麦克风→MP3。

其中，紧急报警指手动报警按钮一类的信号源。

1. 无线预警广播技术要求

无线预警广播技术要求如下：

（1）须具有 GSM/CDMA 电话和短信通信功能，可具有 PSTN、卫星、无线电台、

GPRS/CDMA 数据通信等通信功能，实现实时接入播报。

（2）具有短信转语音功能（字数不少于 500 字，短信语音播报流畅、支持常用多音字），播报短信重复播放次数可配置 1～99 遍，播报短信内容可监控（向指定号码回执短信内容）。

（3）发布短信或电话广播均有白名单设置或 DTMF 双音频呼入密码验证功能，其中白名单号码不少于 20 个。

（4）设备应有自检功能，设备状态信息可发送到管理平台，反馈运行状态。

（5）设备应具有异动报警功能，当设备开关置为关闭状态、充电设备断电、电池断电或功放断开时可自动发信息到管理平台。

（6）平时处于低功耗值守状态，值守功耗不大于 4W，当收到短信、手机、固定电话等授权控制信号后自动开启功放电路。

（7）机内配备用电池。交流电中断后，启用备用电池并且立即通知管理平台；支持 AC/DC 供电方式，自动切换。

（8）具有 USB 或 SD 卡接口、支持点播 MP3 功能。

（9）具有电源、音频功率、网络在线指示等功能，可以远程监听广播内容。

（10）具有防雷、短路保护电路，接地端口，具有防潮、防霉、防虫、防尘等工艺处理。

（11）可支持 SIM 卡锁定。

（12）支持实时报告设备的工况，支持平安报，异常报，支持管理平台远程设置和查询参数，支持管理平台实时发布预警信息。

2. 安装要求

安装要求如下：

（1）可立杆或利用现有建筑物，高于周围建筑物不少于 1.5m。

（2）固定基座抗风 7 级。

（3）要有防水、防雷、防锈等措施，符合《水文仪器安全要求》（GB 18523—2001）和《水文仪器基本参数及通用技术条件》（GBT 15966—2007）的相关要求。

（4）布线应规范，符合现行相关标准。

（5）所用电缆绝缘电阻不小于 5MΩ。

6.4.3.2 简易雨量报警器

简易雨量报警器是一种集降雨实时监测、信息显示和多时段雨量声光报警功能的雨量监测报警设备，具有多时段雨量统计算法，支持不同级别的声光报警。简易雨量报警器由室外翻斗式雨量计和室内报警器组成，具备雨量实时监测、信息显示和多时段雨量声光报警功能。室外承雨器采用翻斗式雨量计采集降雨，通过 φ200mm 口径的承雨口收集雨水。室外承雨器采集到的雨量数据通过无线或有线传输发送至室内告警器。室内报警器具有雨量统计功能，通过微处理器分析和判断降雨数据，达到临界雨量发出声、光、语音多种方式报警，警告群众警惕可能暴发的山洪并开始组织转移。该项目所选设备均需通过水利部科技推广中心和减灾中心共同组织的测评。

1. 主要功能要求

主要功能要求如下：

（1）具备降雨信息实时监测、接收、信息显示和存储功能。

（2）具有超雨量阈值自动报警功能，告警方式支持语音、警笛、闪光、屏显等多种报警方式。

（3）支持 4 个以上时段的告警雨量阈值设置。

（4）支持不小于 2 个不同级别的告警，黄色预警（准备撤离），红色预警（立即撤离）。

（5）具有按时段、场次设置降雨告警阈值功能。

（6）具有通信状态和电池电量显示功能。

（7）低功耗值守，电池供电能连续值守至少 10 个月。

2. 主要技术要求

主要技术要求如下：

（1）报警方式：语音、警笛、闪光、屏显信息报警等方式。

（2）通信方式：无线传输或有线传输；有线传输距离不小于 100m；无线传输距离不小于 50m，并具有抗干扰措施。

（3）承雨口内径：$\phi 200^{+1.2}_{-0.6}$mm，进入承雨口的降雨不应溅出承雨口外。

（4）降雨监测：翻斗式；降雨分辨率：0.5mm 或 1mm；报警分辨力 5mm 或 10mm。

（5）雨强测量范围：0～4mm/min，允许最大雨强 8mm/min。

（6）测量精度：总体误差不超过±5%。

（7）报警指标组数：不少于 2 组。

（8）报警指标设置方式：用户可自主设置。

（9）报警值偏差：在设定的报警阈值，仪器能正常报警，偏差不大于±5mm。

（10）电源：直流供电，电压要求 6V 或 6V 以下，电压波动 25%～−15%，仪器设备能正常工作。

（11）功耗：静态值守电流应小于 0.5mA（6V）。

（12）平均无故障工作时间：大于 16000h。

3. 安装要求

承雨器安装在空旷区域，安装位置离开遮挡物的距离要大于遮挡物高度的 2 倍。为观测方便也可安装在屋顶。

报警器安装在室内，固定到一定高度，声音易于听到。

6.4.3.3　简易预警设备

简易预警设备包括手摇警报器、锣、鼓、号、高频口哨、手持扩音器等。

对一般防治区所有乡镇配置手摇报警器；对重点防治区所有乡镇、行政村和所有自然村、重要企事业单位配置手摇报警器。原则上防治区内所有乡镇、村组都需要配备简易预警设备；没有配置预警广播的自然村，必须配置简易预警设备。根据预警范围选用合适的简易预警设备。

手摇报警器传送距离不得小于 500m，鸣轮运转时转速在 2000r/min 以上，铝合金材质，速度达到初级转速（50～80r/min）声音能达到110dB，重量不低于0.6kg。若选用传送距离1000m的，重量不得低于1.2kg。铜锣材质为响铜，直径不得小于30cm，重量不小于2kg，传输距离不得小于500m（空旷区域）。高频口哨采用不锈钢制品，传输距离不得小于300m（空旷区域）。

6.5　宣传培训与演练

　　青海省由汉族、藏族、回族、蒙古族、土族等多民族聚集，幅员辽阔，为更好地普及山洪灾害防御知识，提高农牧民山洪灾害意识，青海省根据各个州县的特色，制作了双语（藏汉）宣传栏、明白卡、明白手册等；为加深牧民对山洪灾害防治的重视，充分利用宗教领袖在信徒中的影响力，采取从上往下的宣传教育方法，加强宗教领袖对山洪灾害的认识；在大型的宗教活动中，由宗教领袖向信徒发放明白卡及宣传手册，向他们阐述山洪灾害防御知识点，增加信徒对此的认识程度和防灾意识，努力做到当山洪发生时，农牧民能积极响应防汛抗旱指挥部命令，及时转移，有效地减少山洪灾害发生后的人员伤亡。

　　针对青海省州县技术力量相对较差，对山洪灾害平台操作能力差，缺乏技术骨干的情况，加大技术人员培训。

　　因牧民普遍文化程度较低，语言能力较差，针对这种情况，在演练过程中，在转移组配备双语技术人员，对牧民进行疏导，以便转移工作顺利进行。

6.5.1　宣传

6.5.1.1　宣传内容

　　1. 山洪灾害防治工作宣传

　　向山洪灾害防治区内的广大干部和群众宣传党和政府关于山洪灾害防治的各项政策、措施；普及相关法律法规，增加全社会防洪减灾意识和法律观念；公布山洪灾害防治项目建设的内容、进度和成效，以及各级山洪灾害防御机构和责任人等。让各级政府和社会各界理解、重视、支持山洪灾害防治工作，使社会公众积极参与到山洪灾害防治工作中，推进山洪灾害工作持续发展。

　　2. 山洪灾害防御知识宣传

　　（1）日常宣传。向防治区内的居民，以及防治区的旅游景区、施工工地等人员密集处的群众，宣传山洪灾害防御常识，使大家了解山洪灾害的危害，山洪灾害的形式及特点，以及防治的必要性和防治措施；掌握自身受山洪灾害威胁程度，防御责任人及其联系方式；熟记山洪灾害预警流程，预警信号，避险转移方式和路线等，提高群众的防御意识和应急避险能力。强调人类活动对自然的破坏，加剧山洪的暴发，提示人们要保护好赖以生存的生态环境，杜绝侵占河道、乱砍滥伐等行为。注重加强对中小学生防御山洪灾害和避险自救的宣传教育。

　　（2）灾后宣传。利用预警广播、短信息等播放、发送避险救灾常识，公布救灾进程等，以安定民心，迅速恢复灾区的正常生活、生产秩序。

3. 警示性标识

根据调查评价的结果，标识防治区内的危险区、应急避险点、转移路线、警戒水位等，警示群众注意防范山洪威胁，并让群众能一目了然，在灾害来临时能按指示做出反应，有序快速转移。

6.5.1.2　宣传方式

山洪灾害宣传的方式可分为：布设分发宣传材料，设置标识标牌，开展专场宣传活动，以及采用公共媒体宣传等方式。

（1）在山洪灾害防治区布设宣传栏、宣传挂图、宣传牌、宣传标语等。在防治区内乡（镇）政府、村委会等公共活动场所布设宣传栏、宣传挂图；在交通要道两侧等醒目处布设宣传牌、宣传标语。宣传栏应公布当地山洪灾害防御的组织机构、山洪灾害防御示意图、转移路线、应急避险点等内容；宣传牌、宣传标语则用精练、醒目的文字宣传山洪灾害防御工作；宣传挂图以图文并茂的内容宣传山洪灾害防御知识，提升群众防灾减灾意识（见图6.12）。

图 6.12　山洪灾害防治宣传栏（互助县）

（2）发放明白卡。在山洪灾害危险区内，以户为单位发放山洪灾害防御明白卡，明白卡内容包括家庭成员及联系电话、转移责任人及联系电话、应急避险点、预警信号等信息（见图6.13）。

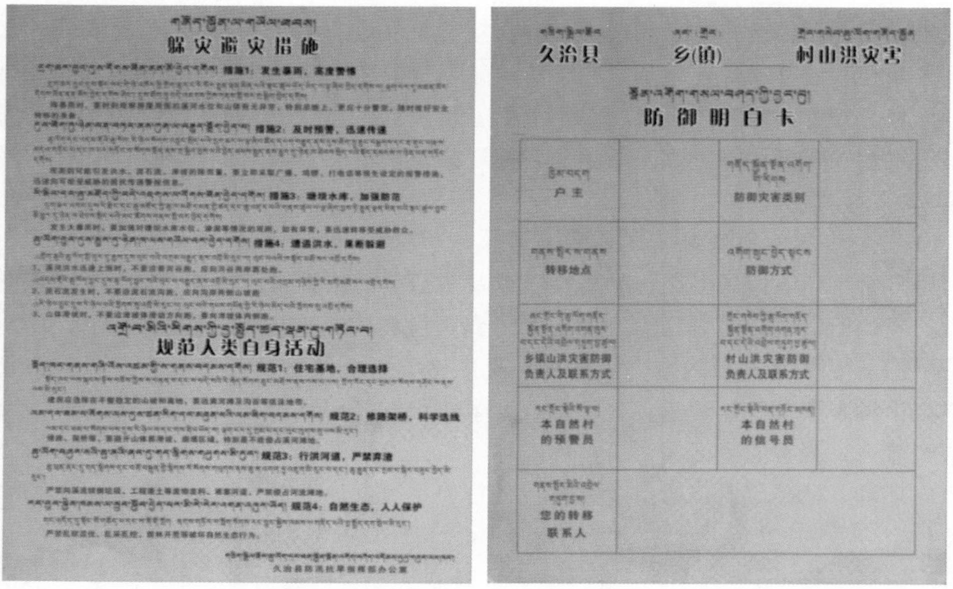

图 6.13　双语明白卡（久治县）

（3）印发宣传册、海报、传单等。利用日常的宣传活动分发宣传册、海报、传单、日历、折扇等宣传材料，以灵活、简捷的方式，丰富多彩的内容，宣传山洪灾害防御知识，起到教育、警示作用，使群众能提高防御意识，掌握必要的应急避灾常识（见图6.14）。

图6.14　双语宣传册（贵德县）

（4）设置标识标牌。在山洪灾害危险区醒目位置设立警示牌、危险区标识牌、应急避险点标识牌、转移路线指示牌、特征水位标识、山洪灾害设施设备安全警示标识等。警示牌上标明危险区名称、灾害类型、危险区范围、应急避险点、预警转移责任人及联系电话等内容。转移路线指示牌应标明转移方向、应急避险点名称、大概距离等。特征水位标识包括历史最高洪水位、某一特定场次洪水位、预警水位等。让群众能熟悉当地受山洪威胁状况，掌握转移地点、转移路线、预警信号，并警示和教育群众爱护在本区域内安装的监测预警设备、设施（见图6.15）。

（5）专场宣传活动。在每年的"防灾减灾日"等特定的日期，组织专场的山洪灾害宣传活动，以街头咨询、展板、分发宣传资料、播放宣传片、张贴标语等方式，出动宣传队、宣传车，定期不定期地开展山洪灾害防御知识宣传（见图 6.16）。

图 6.15　山洪灾害危险区标识牌　　　　　图 6.16　"5.12"减灾日在广场开展
（互助县双树乡新元村）　　　　　　　　　宣传活动（尖扎县）

6.5.2　培训

6.5.2.1　培训的任务

1. 基层防御责任人培训

对县、乡、村各级防御机构负责人和工作人员进行山洪灾害防御工作培训，主要包括：山洪灾害基础知识及防御常识；山洪灾害防御体系详解；县、乡（镇）和村各级包括山洪灾害防御预案；监测预警设施使用操作；监测预警流程；人员转移组织；山洪灾害防御宣传、培训、演练工作内容及方法等任务。

通过培训，全面提高广大基层工作人员山洪灾害防御工作能力，掌握山洪灾害防御日常工作内容和正确防灾避灾方法，使山洪灾害防御工作落到实处，充分发挥防治措施的作用和防御机构的职能。

2. 山丘区群众培训

对山丘区的村民、抢险队员和企事业单位的员工、学生开展山洪灾害基本常识培训，主要包括：山洪灾害基础知识及防御常识；水雨情信息的获取；预警信号传递；避险转移及抢险、自救、互助的技能等。

通过加强培训，使得住在山丘区的干部群众能充分了解山洪灾害的特性，掌握水雨情和工程险情的简易监测方法，熟悉预警信号及其发送和传递方式，以及避险转移路线等，提高群众的防御避险意识和自救能力；使基层防御机构抢险队员能熟练掌握应急抢险救助的技能。

6.5.2.2　培训的组织与要求

1. 组织实施方式

（1）基层防御责任人培训主要由县级防御机构组织实施，县、乡（镇）和村级防御机构负责人和主要工作人员，县、乡（镇）主要成员单位负责人参加，以集中举办培训班的方式开展培训。省级防御机构负责制定培训教材的统一标准，各县统一采购或按标准印制。培训教师可邀请省、市的专家，以及监测预警设施建设单位的技术主管等。

（2）山区群众培训主要由乡（镇）、村级防御机构或者企事业单位负责组织实施，采取会议的方式或者结合乡（镇）、村级的宣传和演练活动统筹安排举行，可相对分散、灵活实效地加强培训工作。培训教材采用基层防御责任人培训时分发的材料，或者根据实际需要另行订制、复印。培训教师可由各级防御机构责任人或主要工作人员担当。

2. 培训工作要求

（1）市、县山洪灾害防御机构加强组织领导，落实培训相关人员，协调各成员单位和项目实施单位，组织好基层防御责任人培训工作。宜由县政府发文通知各成员单位、各乡（镇）、村的责任人及主要工作人员参加培训。

（2）监测预警系统建设单位应提供齐全的使用说明、技术手册、操作流程等，协助管理单位建立相应的运行维护规章制度，并协助做好培训工作。

（3）乡（镇）和村级防御机构要加强本辖区内的防御常识培训，培训对象应包括受山洪威胁的村民、企事业单位的员工和学生以及应急抢险队员等。

（4）县山洪灾害防御机构负责落实培训经费，保证资金到位。

（5）基层防御责任人培训和防御常识培训每年至少各举办1次，每次培训应做好文字、照相等多媒体记录和签到记录，以存档、备案。

（6）各级防汛指挥机构加强监督检查，定期到场参加和检查辖区内培训情况，并建立相关考核制度（见图6.17～图6.19）。

图6.17　湟中县组织防汛责任人培训现场

图6.18　省防办组织防汛责任人的培训现场

图 6.19 同仁县组织防汛责任人的培训现场

6.5.3 演练

演练分为两级，分别为乡镇级演练和村级演练。乡镇级演练科目较多，包括依据乡（镇）山洪灾害防御预案，模拟强降雨引发山洪，乡（镇）属各部门、村、组迅速做出响应，协同完成监测、预警、转移、临时避险以及抢险救灾、防疫扑杀等内容。村级演练在乡（镇）演练的基础上简化，以应急避险转移为主，包括简易监测预警设备使用、预警信号发送、人员转移等（见图 6.20 和图 6.21）。

6.5.3.1 演练任务

演练任务如下：

（1）坚持以人为本，演练以紧急转移受山洪威胁群众为主要任务。

（2）依据乡（镇）山洪灾害防御预案，模拟强降雨引发山洪，乡（镇）属各部门、村、组迅速做出响应，协同完成监测、预警、转移、临时避险等工作。

（3）组织应急抢险队搜救没能及时撤离的群众，医疗卫生部门及时救治受伤人员。

（4）组织防疫部门检查、监测灾区的饮用水源、食品等，进行消毒处理，防止和控制传染病的暴发流行等。

（5）对参演村民开展培训和宣传，分发宣传材料。

6.5.3.2 演练的地点和时间

演练可安排在乡（镇）内受山洪威胁较严重的村进行，具体地点选在村委球场或村前空地，典型演练则需要更宽阔的地方，以便于操练和观摩。演练时间约半天，可与培训和宣传一起统筹安排。

6.5.3.3 指挥机构及职责

参加演练的单位有县级防御机构、乡（镇）政府、乡（镇）属各部门（水利站、国土资源所、农业服务中心、派出所、卫生院、民政办、林业站、村党支部、村委等，典型演练应有县政府相关部门和领导参加。

演练指挥机构原则上以既定的乡（镇）山洪灾害防御机构为准，并在此基础上加入参演的县级和村级的领导和工作人员，由指挥长及下设的 5 个工作组 1 个抢险队组成。

1. 指挥长

指挥长由乡（镇）长担任，负责乡（镇）演练的具体指挥和调度。

典型演练还可设总指挥长和副总指挥长，由分管副县长担任总指挥长，县水利局局长、县国土气象民政等部门领导担任副总指挥长。总指挥长负责演练全盘指挥工作，检查督促山洪灾害防御预案及各级职责的落实，并根据山洪预警汛情的需要，行使指挥调度、发布命令，调集抢险物资器材和全乡总动员等指挥权。副总指挥长负责山洪灾害危险区、警戒区的监测和洪灾抢险，随时掌握雨情、水情、灾情、险情动态，落实指挥长发布的防御抢险命令，指挥群众安全转移，避灾躲灾，并负责灾前灾后各种应急抢险、工程设施修复等工作。

2. 监测组

组长一般由乡（镇）政府的国土部门的领导担任，成员有乡（镇）政府的水利站、国土部门人员和村级监测员等，共约 4 人。负责监测辖区雨量遥测站、气象站等站点的雨量，水利工程、危险区及溪沟水位，泥石流沟、滑坡点的位移等信息。

3. 信息组

组长一般由乡（镇）政府的水利站的领导担任，成员有乡（镇）政府的水利站、移动、电信、广电等部门人员，共约 4 人。负责收集和传递县防指、气象、水文、地质等部门汛前各种信息；掌握本乡区域内各村组巡察信号员反馈的山体开裂、滑坡、溃坝、决堤等迹象和暴雨洪水预警预报及险情灾情动态，为指挥长指挥提供依据；联系乡村组巡察信号员迅速将信息、命令、预警信号传递到转移组各指导员和组长；安装并调试好预警广播及警报装置。

4. 转移组

组长由政府的副乡（镇）长等相关领导担任，演练中也可由村委支书、村长担任，成员有乡和村的其他干部、农业服务中心人员以及 2 名村级预警员，共约 6 人。负责按照演练指挥部的命令，敲响铜锣和摇响报警器等，并带领抢险队员，一个不漏地动员到户到人，组织群众按预定的安全转移路线有序转移并避险。转移时，按先人员后财产，先转移老、弱、病、残、少儿、妇女，后转移一般人员的原则进行，同时确保转移后群众财产的安全。

5. 调度组

组长一般由乡（镇）政府办公室主任担任，成员有乡（镇）政府的民政部门领导和干部，约 3 人。负责抢险救灾人员的调配，调度并管理抢险救灾物资、车辆等，负责善后补偿与处理等，所需防汛抢险物资购买、调度、发放和布置，确保防汛抢险有序进行。

6. 保障组

组长一般由乡（镇）政府的卫生院领导担任，成员有乡（镇）政府的派出所、电力、粮所等部门人员，演练中应指定现场医疗救护和防疫的人员，共约 6 人。负责抢救受伤群众，保障群众的生命安全，做好受灾区域卫生消毒工作。保证通信设施、照明和电力设施的正常运行。

7. 应急抢险队

队长由乡（镇）政府武装部长担任，成员以民兵为主，共约 20 人。负责宣传、动员、群众按要求转移；帮助老弱病残人员安全转移，抢救受伤人员；搜救危险区内未能及时撤离的村民等。在演练中还负责安全转移过程中交通秩序，在各转移路线实行道路清障，维护社会治安，确保演练有序进行。

（a）防汛演练临时指挥部

（b）鸣锣手摇警报器预警

（c）受灾群众转移

（d）群众转移到安置点

（e）农家庭院积水抢险

（f）医疗救护

图 6.20　互助县丹麻镇山洪灾害演练

（a）人员转移

（b）伤员救治

图 6.21　湟源县日月藏族乡兔尔干村山洪灾害演练

6.6 本章小结

（1）完成的成果。一是形成了广泛分布的群测群防体系。青海省 26 个县（市、区）均已建立了县、乡、村、组、户五级山洪灾害防御责任制体系；采用因地制宜、土洋结合的原则配置预警设施设备，配发无线预警广播 2563 套、手摇报警器 8239 个，锣、口哨等 9421 套；编制了 26 个县、286 个乡镇和 1926 个村级（含企事业单位、寺庙、学校等）山洪灾害防御预案；制作警示牌、宣传栏、转移指示牌 1.83 万块，发放明白卡 45.74 万张、宣传光盘 37 万张，制作粉刷宣传标语 3009 条、挂图海报 7700 张；组织培训演练 2.6 万人次。对比山洪灾害防治区村庄数量，责任制体系、简易监测预警设施设备和预案覆盖率达到了 100%。二是建立了被动和主动结合的村组防御模式。基层村组形成了被动接收信息和主动监测预警相结合的防御方式：一方面接收县级、乡镇防汛指挥部门发送的预警信息，并传达到组、到户；另一方面开展群测群防、自测自防，实现以村组为单元的自我防御、主动防御。实现了多途径、及时有效发布和传达预警信息，解决了预警信息传达"最后一公里"问题。三是广大干部群众防御意识和能力显著提高。通过宣传并普及山洪灾害防御知识，在重点部位以直观的方式展示山洪灾害危险区的范围和分布情况，提高山洪灾害防治区人民群众主动防范、依法防灾的自觉性，增强了人们的自救意识和能力。从 2016 年组织的 2000 份调查问卷的数据统计分析结果来看，山洪灾害防御常识知晓率、山洪灾害避险技能掌握率分别为 88%、85%，整体提高了公众灾害防范意识和主动防灾避险能力。

（2）创新点。创建了富有青海地域特色的山洪灾害群测群防组织动员模式。该模式从青海省情、社情出发，考虑民族地区、牧区的实际，以县乡村组户五级责任制体系为核心，以县乡村三级预案为基础，以简易监测预警设备和宣传培训演练为抓手，实现责任制到户，预案和简易监测预警设备到村到寺庙到学校，宣传教育到人，建立"人（责任制、预案）""物（简易监测预警设备）""意识和技能（宣传培训演练）"三方面有机结合的机制，全方位提高基层防汛减灾能力和水平。模式概括为：以人为本、以避为上、政府主导、专业赋能、结合地治、注入职责、双线防御、村自为战、普及宣教、全位提能。

第 7 章

成果创新、效益分析及推广应用

7.1 成果创新

7.1.1 主要成果

研究主要成果如下：

（1）建立了青海省山洪灾害防御的全要素数据支撑体系。通过数据支撑体系的建立，弄清保护对象所在地区的暴雨洪水特征，摸清防御保护对象的范围、分布，现状防洪能力，各级危险区村落、城集镇、企事业单位等的人口、数量及其分布，全面了解全省山洪灾害的严重程度。这一数据成果极大地夯实了青海省山洪灾害防治基础信息，强力改变了关键信息匮乏的被动局面。

（2）建立了覆盖青海省全部山洪灾害易发区的监测预警体系。通过建立含自动雨量站、自动水位站、视频图像站等监测设施在内的监测站网，及时获取暴雨洪水信息；并通过自动雨量报警设施、自动水位报警设施、省市县乡村五级监测预警平台的自动预警网络，及时发出预警信息，构建自动监测预警体系，为山洪灾害易发区提供全覆盖的监测预警信息。监测预警系统的构建为青海山洪灾害防治及时准确获取信息提供了强大支撑，填补了青海省山洪灾害监测预警系统的空白，结束了对青海省山洪灾害不设防的历史。

（3）建立了适合青海省具体情况的山洪灾害防御群测群防体系。通过建立基层责任制、村级预案、户户明白卡、宣传演练等一群测群防技术与措施，并结合青海省民族众多、农业区和牧区并存等特点，提出和建立了藏区、牧区群测群防组织模式，群专结合，有效防御山洪灾害。

（4）建立了青海省山洪灾害易发区全部保护对象的预警指标体系。针对青海省山洪灾害防御保护对象，建立典型时段、代表性流域土壤含水量条件下的雨量预警指标，以及沿河村落和城集镇的水位预警指标，并探讨动态预警指标，科学进行山洪预警，提高山洪灾害预警的准确性。

（5）提出了适用于青海省山丘区干旱半干旱气候条件且下垫面植被条件极差条件下小流域产流与汇流的计算方法，为青海省山洪灾害雨量预警指标分析计算提供了更为科学的支撑。针对青海山丘区地形地貌条件，提出采用基于地貌水文响应单元和时变地貌单位线的分布式水文模型，建立从平面、垂向、时段三个方面综合考虑产流机制转变的水文模。该模型在平面上划分山坡地貌水文响应单元，确定各单元的基本产流机制；在垂向上划分超渗产流、浅层蓄满产流和深层蓄满产流三种产流机制；在时段上以雨强和土壤下渗能力作为判断产流机制转换的条件，实现每个地貌水文响应单元产流机制转换。

7.1.2　创新点

研究具有以下创新点：

（1）首次建立了青海省山洪灾害防御的全要素数据支撑体系。揭示了保护对象所在地区的暴雨洪水特征，摸清了防御保护对象的范围、分布，现状防洪能力，各级危险区村落、城集镇、企事业单位等的人口、数量及其分布，全面掌握全省山洪灾害的潜势危害程度，形成了青海省山洪灾害防御数据库和山洪灾害防御专题图等一系列原创性基础数据成果，建立了青海省山洪灾害防御的数据支撑体系，填补了青海省山洪灾害防汛业务基础数据的空白。

（2）提出了青海省小流域地貌水文响应单元的划分理论与标准。综合利用土壤质地数据、土地利用和指标数据、地形等数据，划分了快速产流单元、滞后产流单元、贡献较小产流单元等，研究了不同地貌水文响应单元的对应产流机制。绘制完成了基于地貌水文响应单元的山丘区产流分区图，解决了青藏高寒地区水文站点极为稀疏的小流域暴雨洪水分析计算问题。

（3）研制了基于栅格形式的山丘区土壤水动态模拟模型。利用青海省地形地貌、植被、土壤等空间分布信息，以逐日气温、降雨、风速等气象资料为驱动，建立了青海省土壤含水量实时动态计算模型，研发了青海省 $1km \times 1km$ 网格的逐日土壤含水量产品，实现了土壤含水量精细化动态模拟技术的突破。

（4）综合考虑青海省干旱半干旱地区暴雨特征、小流域下垫面特征等，以实时动态计算得到的逐日土壤含水量为基础，运用青海省设计暴雨洪水反推法和经验方法，计算分析了青海省重点沿河村落不同时段的临界雨量和预警指标，绘制了不同地貌类型区沿河村落的雨量预警指标和小流域综合雨量预警指标分布图，实现了雨量预警指标从经验化向理论化的转变。

（5）建立了青海特色的山洪灾害群测群防组织动员模式。该模式从青海省情、社情出发，考虑民族地区、牧区的实际，以县乡村组户五级责任制体系为核心，以县乡村三级预案为基础，以简易监测预警设备和宣传培训演练为抓手，实现责任制到户，预案和简易监测预警设备到村到寺庙到学校，宣传教育到人，建立"人（责任制、预案）""物（简易监测预警设备）""意识和技能（宣传培训演练）"三个方面有机结合的机制，全方位提高基层防汛减灾能力和水平。

（6）系统构建了青海省山洪灾害主动防御体系。以调查评价成果数据为基础，综合运用物联网、新一代水文模拟分析、现代通信、雨情水情自动监测、多途径预警发布等技术，紧密结合基层治理结构，构建形成了自动监测预警体系和群测群防体系互补互备的主动防御体系。该体系是集社会学、管理学和自然科学的综合应用典范。

7.2　效益分析

　　青海省山洪灾害主动防御体系累计投入 2.7 亿元资金，初步建成了覆盖青海省 26 个山区县的山洪灾害基础数据支撑体系、监测预警体系、群测群防体系、预警指标体系，结束了青海省山洪灾害不设防的局面，实现了防御情况明晰化，预测预报提前化，信息采集、传输、处理自动化，决策指挥科学化，预警发布快速化、转移避险精准化，实现了青海省基层防汛抗旱信息化的跨越式发展，并在近年防汛中发挥了很好的防灾减灾效益，被山区广大群众和地方政府誉为"生命安全的保护伞"。2015 年 7 月 26 日，时任青海省主要领导检查指导防汛工作时，对山洪灾害主动防御体系给予了高度评价，并要求该项目在全省实现全覆盖，更好地发挥防灾减灾作用。

7.2.1　构建形成了山洪灾害主动防御体系

7.2.1.1　构建形成了山洪灾害基础数据支撑体系

　　研究制定了青海省山洪灾害调查评价工作技术路线，制作了青海省山洪灾害调查评价基础数据和工作底图，在此基础上，对青海省 26 个山洪灾害防治县开展了调查评价工作，全面分析了青海省的山丘区水文气象特性、小流域下垫面水文特征、小流域暴雨山洪特性及历史山洪灾害、社会经济及危险区人员分布、人类活动影响等，通过对基础数据与调查评价成果数据的审核汇集与挖掘分析，形成了青海省防汛抗旱业务一张图、一个数据库和一套防汛抗旱专题图等一系列原创性基础数据成果，建立了青海省山洪灾害防御的数据支撑体系。

7.2.1.2　构建形成了山洪灾害预警指标体系

　　综合应用经验估计法、设计暴雨洪水反推法和分布式水文模型法，确定了防治区 2185 个自然村（1418 个行政村）的预警指标，形成了青海省不同类型区、不同小流域的雨量落预警指标分布图和各沿河村落预警指标分布图。利用青海省水文气象数据、降雨数据、小流域下垫面数据和一维水力学方法，实时计算得到了青海省 1km×1km 的逐日土壤含水量成果。应用该成果，综合分析得到了青海省不同时段下的沿河村落雨量预警指标和小流域综合预警指标，形成了覆盖青海省小流域和沿河村落雨量预警指标成果。

7.2.1.3　构建形成了山洪灾害监测预警体系

　　运用自动感应和无线通讯技术及时准确地将有关水文参数自动采集、编码、处理、发送到数据中心。收集和监测水文特征及雨量时空分布数据，掌握实时降雨和水位变化，为决策指挥提供数据支撑。运用组网 VPN 技术构建覆盖省、市（州）、县、乡（镇）的多级网络传输平台，为各级政府和防汛指挥部的信息传输、信息交换、灾情会商、山洪警报传输提供信息传输平台。运用地理信息系统技术和模型分析技术建立决策分析软件系统，具备汛情、灾情信息的监测、数据接收、处理，提供汛情查询、统计、分析、预报、预警功能。将决策指挥平台分析、判研后发出的预警信息，发送到相关责任人的支持系统。在山洪灾害防治区新建了自动雨量、水位监测站 1088 个，图像、视频监测站 145 个，建立 26 个县级、8 个市州级、1 个省监测预警平台，并延伸至 274 个乡镇。总体上形成了覆盖青海省 26 个县的山洪灾害监测预警体系。

7.2.1.4 构建形成了山洪灾害群测群防体系

结合青海省多民族聚集、农业区和牧区并存等特点，通过建立县、乡、村、组、户并涵盖企事业单位、寺庙、学校的五级责任制体系，县乡村三级预案体系、群众易于掌握实施的简易监测预警设备、基于受众认知水平的宣传培训演练等群测群防技术与措施，建立了青海省山洪灾害群测群防体系。共编制或修订完善了县、乡、村和企事业单位、学校、寺庙的山洪灾害防御预案 2238 件，配备简易监测预警设施设备 2 万余套，制作了 6875 块警示牌、宣传栏，发放了 45.74 万张明白卡，组织了 2.7 万人次培训、演练，增强了基层干部群众的主动防灾避险意识，提高了自救和互救能力。

7.2.2 实现了基层防汛指挥能力跨越式发展

在体系构建之前，青海省基层防汛抗旱信息化基本上是一片空白。各县不掌握实时监测信息、不具备指挥决策和预警能力，缺乏预警发布手段，主动防御山洪灾害无从谈起。通过山洪灾害主动防御体系的构建，显著地提升了基层山洪灾害预警与减灾能力，将山洪灾害防御方式从不设防转变为主动防御，受到了基层防汛部门的热烈拥护。

7.2.2.1 大幅度提升了基层信息化水平

体系充分利用现代信息技术，构建了覆盖青海省 26 个县的县级防汛指挥平台，并将防汛计算机网络、视频延伸到 274 个乡镇，实现了"视频到乡、音频到村、预警到人"。项目实施前，各县防办人均拥有计算机 0.56 台，项目实施后，人均计算机 1.83 台，增加幅度为 226%。项目实施前，各县防办平均拥有办公设备（打印机、扫描仪、传真机等）2 台，项目实施后平均拥有办公设备 11.8 台，增加幅度为 490%，各项目县新建了普遍达 40 平方米以上的会商环境、配备了双流高清晰视频会商设备，极大地提升了基层信息化水平。

7.2.2.2 实现了中央、省、市（州）、县、乡五级互联互通

体系建成了纵贯省、市（州）、县、乡的计算机网络，网络带宽由实施前的不足 1.5Mb 提升至 10MB，研制了青海省本级、8 个市（州）建设了山洪灾害监测预警信息管理系统，集成和共享了各级山洪灾害防治基础信息和实时监测预警信息，使各级防汛抗旱指挥部门能够及时掌握基层山洪灾害防御动态，加强对山洪灾害防御工作的监督和管理。

7.2.2.3 提高了基层指挥决策能力

26 个山洪灾害防治县已基本构建了满足防汛实际业务网络信息平台、视频会商系统等，能够各类数据的快速汇集，并通过新建雨水情监测站点和信息共享，实现了山洪灾害防治区监测网络的基本覆盖，位于山洪灾害防治区的雨水情自动监测站点密度

增加了 8 倍（2010 年 26 个县雨水情自动监测站点为 120 站），监测时段缩短了 6 倍（由 1h 一报提升为 10min 一报），大大提高了局地短历时强降雨的监测和捕捉能力；综合分析得到了青海省不同时段下的沿河村落雨量预警指标和小流域综合预警指标，从而使得山洪防治的决策变得有据可依、更迅速、更严谨、更专业，实现从监测到预警到转移的无缝衔接。

7.2.2.4　转变了山洪灾害防御模式

位于山洪灾害危险区的监测网络实时监测传输水雨情信息，监测预警平台自动快速汇集处理、直观展示，防汛指挥机构据此科学决策，多渠道、高效率、及时定向发出预警信息，为主动预防转移避险争取宝贵时间，改变了过去因监测站点缺乏、信息采集手段落后、预警渠道单一、应急预案不完善，眼不明、耳不聪、声不至造成的被动避险的防御局面。

7.2.3　发挥了显著防洪减灾效益

从近年山洪灾害防御工作实际来看，通过项目建设的山洪灾害主动防御体系，基本实现"预警及时、反应迅速、转移快捷、避险有效"的目标，发挥了很好的防灾减灾效益。据统计，在 2011—2015 年汛期，青海省 26 个县共通过山洪灾害监测预警平台向 260 余个乡（镇）、3100 余个村责任人发布预警短信 30 多万条，使用预警语音广播 6000 余次，手摇报警器 2500 余次，涉及群众 10 余万人，紧急避险转移 1.3 万人，有效避免了人员伤亡，确保了广大山丘区群众的生命安全，保障了社会稳定和经济发展。

7.2.3.1　"2013.8.21"大通县实例

2013 年 8 月 21 日，青海省大通县等地突降大暴雨，大通县桥头镇 24h 降雨量达171.2mm，创青海省有气象记录以来 24h 降雨量极值。在整个降雨过程中，49 处雨量监测站、5 处河道水位站和 4 处视频监控站实时监测并上传雨水情信息，对降雨超预警指标的地区及时发布山洪灾害预警。通过预警短信平台，向县委、县政府主要领导、8 个乡（镇）、289 个村、8 个厂矿企业及涉河建设项目单位防汛负责人发送预警信息 1200 余条。县委、县政府领导和各乡（镇）、村（社区）防汛负责人及安全员在接到预警信息后，立即采取了各种有效措施，及时转移危险地段受威胁群众 1545 人。未造成一人伤亡。在暴雨持续期间，县防汛办通过监测预警平台及时跟踪了解降雨量最大的良教乡松林村、桥头镇元树尔村两个雨量监测点的情况，及时提供县防指领导决策，调动城建局、水务局、交通局、公安局、消防队、桥头镇政府 6 支抢险队第一时间赶赴现场抢险，转移安置受威胁群众。此次事件中，山洪灾害监测预警平台在山洪灾害发生之前实现提前预警，提前转移人员，有效减少了山洪灾害导致的人员伤亡，具有明显的社会效益和经济效益（见图 7.1和图 7.2）。

7.2.3.2　"2013.8.26"尖扎县实例

2013 年 8 月 26 日 20 时至 27 日 8 时，青海省尖扎县境内出现强雷阵雨降水过程，最大降水量达到 44.6mm，引发山洪泥石流，使尖扎县境内 9 个集（镇）受灾。26 日晚南干渠项目部工作人员已就寝，完全不知道沟道上游的降雨量。县防汛办值班人员在降雨开始就通过山洪灾害监测预警平台密切监视雨水情变化，在系统发出的内部预警后，立即在

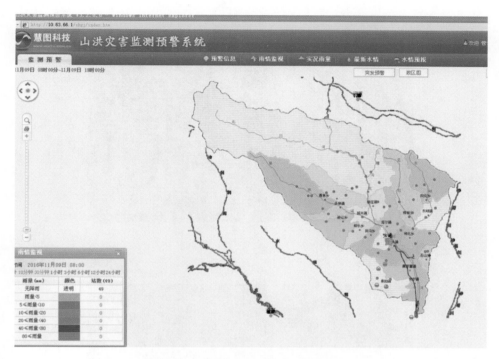

图 7.1　大通县山洪灾害监测预警平台

图 7.2　大通县桥头镇居民户受灾情况

第一时间向县防汛指挥部领导汇报，县防指立即启动应急预案，并及时通知各相关集（镇）、部门及南干渠项目部负责人。南干渠项目部负责人接到预警信息后及时启动应急响应，及时撤离施工现场的人员，在人员全部撤离不到十分钟，巨大的泥石流冲毁了南干渠项目部，致使施工设备、机械及民工的生活物资均冲毁，但由于预警转移及时，无一人伤亡（见图 7.3 和图 7.4）。

图 7.3　南干渠项目部被冲毁

图 7.4　南干渠项目工程机械被冲毁

7.2.3.3 "2016.8.18" 湟源县实例

2016 年 8 月 18 日湟源县发生强降雨，最大降雨量达 68mm，湟水干流洪峰流量为 300m³/s，达到 20 年一遇的标准。强降雨过程中县防办根据预警系统监测数据第一时间发布了预警信息，县防汛抗旱指挥部立即启动应急预案，紧急转移人员 600 余人，由于预警及时，转移迅速未发生人员伤亡（见图 7.5 和图 7.6）。

与此对比，2010 年 "7·6 特大暴雨" 事件中，因湟源县尚未开展山洪灾害防治非工程措施项目的建设，无法及时、准确提前发出预警信息，造成房屋进水 1979 户，房屋倒塌及危房 228 户 1206 间，人员死亡 13 人、失踪 2 人，受伤 11 人。据统计，全县因灾造成直接经济损失达 2.25 亿元（见图 7.7）。

图 7.5 湟源县预警广播播放和预警短信发送记录 1（2016 年 8 月 17—19 日）

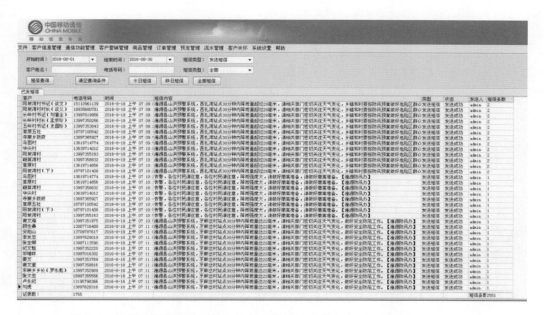

图 7.6 湟源县预警广播播放和预警短信发送记录 2（2016 年 8 月 17—19 日）

与此形成鲜明对照的是，2013 年 8 月 20 日乌兰县茶卡地区寺院沟（又称仓吉沟河）山洪暴发，造成 24 人死亡，7 人受伤，直接经济损失 3000 万元。由于乌兰县未实施山洪

图 7.7　湟源县受灾情况

灾害防治，监测预警体系空白，处于不设防状态，造成重大人员和财产损失。

7.2.4　提高社会防灾水平

山洪灾害主动防御体系构建，提高了公众灾害防范意识和主动防灾避险能力，提升公共服务水平，形成智慧型减灾信息网络，群死群伤事件明显下降，促进了社会稳定，有利于山区特别是贫困山区的民生改善及经济发展。

7.2.4.1　提高了公众灾害防范意识和主动防灾避险能力

通过宣传并普及山洪灾害防御知识，在重点部位以直观的方式展示山洪灾害危险区的范围和分布情况，提高山洪灾害防治区人民群众主动防范、依法防灾的自觉性，增强了人们的自救意识和能力，同时提醒当地经济建设和生活中主动避开山洪灾害危险区，不断减少危险区的人员、财产与设施的聚集程度。

从 2000 余份调查问卷的数据统计分析结果来看，青海山洪灾害防御常识知晓率、山洪灾害避险技能掌握率分别为 88%、85%，整体提高了公众灾害防范意识和主动防灾避险能力。

7.2.4.2　提升各级政府公共服务能力与水平

监测预警体系的建成，为山洪灾害防御提供了科技防御的手段，是一个采用信息技术改造传统产业的典型工程。通过监测信息接收与传输、预警信息发布等，可以在 10min 之内将预警信息提供给各级防汛部门，同时将信息传递到乡、村、组，使传统的防汛减灾服务思维模式和工作方法向现代化迈进了一大步，得到了群众的欢迎和拥护。根据 2000 余份问卷调查，山洪灾害防治项目公众满意度达到 90%。

7.2.4.3　助力精准扶贫

2010—2015 年，青海省实施的 26 个县除西宁市辖区之外，其余皆为具有国家级和省级贫困县，这些地区同时也是山洪灾害易发区、频发区。通过山洪灾害防治投入，可有效减免贫困地区山洪灾害人员伤亡和经济财产损失，避免"因灾致贫"和"因灾返贫"现象，使 164 个贫困村 6.2 万贫困人口受益，助力贫困县摆脱贫困，保障贫困地区来之不易的社会经济发展成果。

7.2.5 奠定了防御工作基础

通过持续 6 年的山洪灾害主动防御体系项目建设，为山洪灾害防御工作奠定了人才基础、数据基础、技术基础，为下一步防御和建设工作积累了宝贵的经验。

7.2.5.1 人才基础

通过项目建设，基层水利防汛队伍拓宽了视野，积累了大量信息化建设项目前期设计、建设管理、后期运维的经验。通过项目的建设引进了大批多学科、年轻化的专业人才，培养了一批懂技术、有经验的业务骨干，充实、锻炼了全国防汛队伍，提升了基层防汛的"软实力"。在项目建设中，青海有多 300 人参加项目建设管理，边干边学，培养了一批技术精、管理好的专业人才。

7.2.5.2 数据基础

通过山洪灾害调查评价，摸清了我青海山洪灾害的区域分布、灾害程度、主要诱因，同时，具体划定山洪灾害危险区，明确转移路线和临时安置地点，科学确定山洪灾害预警指标和阈值，形成了青海省防汛抗旱业务一张图、一个数据库和一套防汛抗旱专题图等一系列原创性基础数据成果。

7.2.5.3 技术基础

项目坚持"立足省情、科学防御"的原则，在实施过程中不仅取得了显著的社会效益，而且在技术标准、暴雨洪水计算和预警指标确定方法、系统解决方案、群测群防模式等防治理论技术和方法上还取得了大量创新性成果。项目提出了小流域下垫面条件提取、干旱半干旱地区小流域暴雨洪水计算和预警指标确定方法，建立了青海省小流域地貌水文响应单元的划分理论与标准，创建了基于青海省情、社情的山洪灾害群测群防组织动员模式。这些创新性成果不仅是一笔宝贵的无形财富，而且为全面实现山洪灾害防治规划目标奠定了坚实的技术基础。

7.3 示范应用推广情况

7.3.1 省内推广应用

鉴于青海省 26 个县主动防御体系构建取得的效果和经验，按照省政府领导的要求，青海省积极筹划，于 2016—2017 年组织编制了《青海省山洪灾害防治项目（2017—2020年）实施方案》和《青海省灾后水利薄弱环节建设实施方案》，目前均已获批复并落实了年度建设资金。《青海省山洪灾害防治项目（2017—2020 年）实施方案》纳入了近年来山洪灾害凸显的乌兰县、都兰县、河南县 3 县；《青海省灾后水利薄弱环节建设实施方案》纳入了青海省非山洪灾害防治区的玛沁县、班玛县等 11 个县。以上 14 个县监测预警系统均采用"青海省山洪灾害主动防御体系构建"项目实施思路和技术路线，推广应用干旱半干旱地区暴雨洪水预报等关键技术。上述项目实施完成后，青海省将实现所有县级行政区洪涝灾害监测预警系统全覆盖。

7.3.2　省外推广应用

甘肃、新疆、西藏、宁夏、内蒙古、四川等省（自治区）与青海省地形、地貌类似，同处于干旱、半干旱气候条件，具有民族混居、牧区人口流动性大的共同社会特征。在国家防汛抗旱总指挥部办公室、中国水利水电科学研究院的支持下，"青海省山洪灾害主动防御体系构建"项目成果已推广应用至 6 省（自治区）共计 492 个县山洪灾害防治项目。青海省项目实施的总体技术路线、群测群防体系组织动员方式为 6 省（自治区）492 个县开展类似工作提供了重要参考借鉴，干旱半干旱地区暴雨洪水分析方法等关键技术也在 6 省（自治区）山洪灾害调查评价中成功应用，取得了很好的效果。